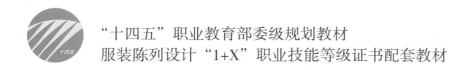

"十四五"职业教育部委级规划教材

服装陈列设计"1+X"职业技能等级证书配套教材

服装陈列设计
（中级）

李公科　初东廷　陈玉发　编著

中国纺织出版社有限公司

内 容 提 要

本书既是"十四五"职业教育部委级规划教材，也是服装陈列设计"1+X"职业技能等级证书配套教材。内容包括零售管理、卖场陈列设计、橱窗陈列设计、店铺陈列管理四大工作领域12个任务。对接"1+X"证书标准，根据需求灵活构建教学内容，实现育训结合，满足高素质技术技能人才培养需求。

本书既可供职业院校纺织服装类专业、艺术设计类专业学生学习使用，也可供职业院校希望学习服装陈列设计的其他专业学生学习参考，还可供服装企业陈列师阅读参考。

图书在版编目（CIP）数据

服装陈列设计. 中级 / 李公科，初东廷，陈玉发编著. -- 北京：中国纺织出版社有限公司，2023.3（2024.7重印）
"十四五"职业教育部委级规划教材
ISBN 978-7-5229-0137-4

Ⅰ. ①服… Ⅱ. ①李… ②初… ③陈… Ⅲ. ①服装-陈列设计-职业教育-教材 Ⅳ. ①TS942.8

中国版本图书馆 CIP 数据核字（2022）第 234073 号

责任编辑：张晓芳　特约编辑：苗 雪
责任校对：江思飞　责任印制：王艳丽

中国纺织出版社有限公司出版发行
地址：北京市朝阳区百子湾东里A407号楼　邮政编码：100124
销售电话：010—67004422　传真：010—87155801
http://www.c-textilep.com
中国纺织出版社天猫旗舰店
官方微博 http://weibo.com/2119887771
北京通天印刷有限责任公司印刷　各地新华书店经销
2023年3月第1版　2024年7月第2次印刷
开本：787×1092　1/16　印张：13.25
字数：276千字　定价：79.00元

前　言

　　随着服装品牌战略竞争趋于白热化，陈列设计师对品牌和销售的促进作用已获得普遍共识，集艺术感、商业性、时尚感和技巧性于一体的服装陈列设计，具有良好的就业前景。

　　2019年1月，国务院印发《国家职业教育改革实施方案》，明确"启动1+X证书制度试点工作"，"鼓励职业院校学生在获得学历证书的同时，积极取得多类职业技能等级证书"，为畅通高素质复合型技术技能人才培养通道，解决职业教育与经济社会发展不够契合、类型教育特色不明显的问题提供了遵循。

　　响应时尚产业需求，贯彻落实教育部"1+X"证书试点，满足学生职业可持续发展和个性化发展，北京锦达科教开发总公司组织服装陈列行业专家和院校学者围绕服装陈列设计工作岗位，解析工作任务和职业能力，制定了服装陈列设计"1+X"职业技能等级标准并获批第四批职业技能证书标准公示。

　　本书作为服装陈列设计"1+X"职业技能等级证书中级配套教材，基于能力本位教育理念，按照服装陈列师岗位工作流程，遵循能力递进原则，对接证书标准，重构课程内容为零售管理、卖场陈列设计、橱窗陈列设计、店铺陈列管理四大工作领域，共计12个任务。本书开发的主要创新有：一是突出教材的"新"。主要是内容的"新"和建设机制的"新"。通过引入企业高水平专家，组建高水平、结构化教材开发团队，让企业真实的职业活动和典型工作内容进入教材，并根据服装产业的发展更新教学内容，把相关新工艺、新标准、新技术融入教材，有效解决了教材内容与企业生产实际需求不对接和内容更新不及时的问题，使教材内容处于产业的最前沿，带给学生最"新"的知识和技能。二是突出教材的"活"。主要是教材内容的"活"。根据技能和任务，灵活构建教学内容，满足"1+X"证书需求，实现育训结合。基于典型工作任务，挖掘专业特色的工匠精神、创新精神等内容和元素，推行课程思政改革，构建基于职业能力的课程思政建设思路和方法，使教材不断适应教法改革，推动"课堂革命"，满足高素质技术技能人才培养需求。

在中国纺织服装教育学会、北京锦达科教开发总公司的关怀和支持下，由山东科技职业学院牵头，杭州职业技术学院、山东服装职业学院、马鞍山师范高等专科学校、常州纺织服装职业技术学院、无锡工艺职业技术学院等20所高职院校通力合作，本书于2022年7月完稿。

全书由李公科、初东廷、陈玉发负责总纂定稿。工作领域一由张融、刘玉洁、李金强、项敢、丁颖、谢保卫编写；工作领域二由陈玉发、曲侠、杨芬、朱碧空、袁赟、魏佳、佘步颖编写；工作领域三由徐红、刘雅琴、王欣、王双、周春梅编写；工作领域四由刘兆霞、王兴伟、宋程程编写；北京锦达科教开发总公司的温晓冬、杨佳仪、刘菲、焦体育为本书提供相关图片及其他相关素材支持。在这里，向以上各位同仁、专家致以崇高的敬意！当然，在本书的编写过程中，我们有选择地参考了一些著述成果，同时也引用了一些图文，部分图片使用了学生作品，在此谨向原作者深表谢意。

编著者

山东科技职业学院

目　录

工作领域一 零售管理

任务一　货品组织

【任务导入】

请根据品牌定位、终端店铺需求特点等，完成店铺三类商品的组织选配。

◆ **知识目标**

1. 了解并掌握品牌的概念，掌握品牌与产品的差别。
2. 了解并掌握服装商品的要素、类型及特点。
3. 了解并掌握销售专业术语，销售数据指标信息及计算方法。
4. 了解并掌握货品盘点目的，掌握货品盘点流程、盘点方法。

◆ **技能目标**

1. 能够结合服装品牌的类型及特点，进行店铺货品的规划和调配。
2. 能够基于店铺销售数据进行畅滞销款分析，以及单店盈利能力分析计算。
3. 能够按照盘点流程和方法进行针对性的货品盘点，并能够找出盘损与盘盈的原因。

◆ **素质目标**

1. 培养学生具备良好的专业素养、审美能力和服务意识。
2. 培养学生具有良好的团队合作意识、耐心服务、维护品牌形象的职业道德。
3. 培养学生的分析能力和应变能力。

【知识学习】

货品是门店销售利润的根本来源，货品的组织与规划直接影响门店的销售业绩。进行货品组织管理时，应区分不同类型和等级的终端零售门店，根据品牌定位、季节特点、消费需求、竞争需要、品牌建设和品牌形象维护等诸多要素来进行服装产品的规划和调配。

一、认识品牌与品牌产品

（一）认识品牌

1. 品牌的概念

品牌是产品、产品名称、品牌的属性、包装、价格、历史、声誉、广告方式等无形的概念总和。品牌包括消费者对其使用的印象和联想，是一种错综复杂的象征。

2. 服装品牌的概念

以技术为先导、质量为基础、定位为方向、服务为内容的建立在服装产品基础之上的品牌内涵、形象、定位的消费体验的总和。

3. 品牌和产品的差别

产品指工厂生产的一种物品或货品。品牌指消费者购买或消费该货品时的消费体验和联想。产品可以模仿，有生命周期。品牌不可替代，随着时间的推移，品牌的价值会不断累积沉淀。

（二）服装商品的要素

服装陈列的对象是商品，了解商品是做好陈列的基础。服装有三个最基本的要素，分别是造型、材料和色彩，即每一件服装都离不开这三个最基本的要素。除了这三个最基本的要素以外，作为一名服装陈列师在具体工作中还应关注以下四个要素。

一是花型。花型对于服装产品来说是一项不可或缺的要素，除了面料自身的花纹外，花型图案也是面料的重要组成部分，通过设计花型图案可以进一步丰富款式的内涵。同时花型也是形成产品系列感的重要载体，不管是服装设计师还是服装陈列师对花型必须有必要的敏感度。

二是风格。这里风格指的是产品给消费者的第一感觉是什么，即第一印象。每个款式都有其独特的内涵，或是休闲的，或是运动的，或是女性化的，服装陈列师在进行陈列设计时要明确产品的风格属性，对于款式组合搭配至关重要。

三是价格。从货品的价格定位来讲，服装零售终端货品可规划为高端、中端、低端三大类。高端产品用来拉高店铺整体形象，利润高；中端产品可通过较大销量来赢得主要利润；低端产品则采用低成本、低售价来应对低价竞争。

四是波段。波段指店铺货品更新上市的频次，通常情况下线下实体店铺产品差不多每两个礼拜上新一次，让消费者尤其是店铺的忠实粉丝每次来店都有新鲜感。波段是与品牌年度产品主题系列相对应的，波段上市的产品需要具有较好的系列感和可搭配性。作为服装陈列师，一方面要做好产品波段的陈列方案，另一方面也要根据产品波段陈列方案对店铺进行实际陈列调整。

（三）服装商品的类型及特点

根据服装产品的设计风格和在销售中承担的功能与角色，通常把服装产品分为主题商品、畅销商品和长销商品三种类型（表1-1）。

表 1-1 三类服装商品的功能及特点

类型	特点	承担的销售功能	定价	毛利	销量	风险
主题商品	鲜明表现品牌季节主题，具有很强的生活品位提示性和倡导性	陈列在卖场显眼位置，表达时尚的着装方式，吸引对时尚敏感度高的消费者	高	高	低	高
畅销商品	针对上一个季节主题商品中市场反应良好的品类加以筛选后生产的品类	陈列在卖场的中央位置，吸引大多数顾客，提升门店的销售额，主要表达着装的场合	中	中	高	中
长销商品	多以单品形式出现，品类丰富，易与消费者原有服装组合搭配	陈列在卖场的一侧，维持门店销售额稳定，易看、易摸、易挑选	低	低	高	低

服装商品类型的比例取决于品牌产品定位和终端需求特点，同一品牌在不同零售终端的货品品类比例可能会存在差异，主要是由地区差异，当地消费偏好、消费水平，季节天气，渠道业务类型等多种因素造成的。

在具体的商品展示和销售过程中，货品需要分清哪些是主，哪些是次，陈列展示和销售比例的重点在哪，分析产品系列中的主销款、辅助款和点缀款并组织到位，在主流产品与辅助产品中也要注意价格层次和风格的互补。

二、店铺销售数据分析

（一）销售术语及计算公式

1. 库存量

库存量指某个时段库存的SKU（最小存货单位）商品件数。

2. 销售额

销售额指某段时期商品销售的现金额，以货币表示。销售额=进店人数×成交率×平均客单价。

3. 售罄率

售罄率指在一定周期内，某个SKU的商品售出的数量与该SKU商品进货数量的比例（反映商品消化速度）。

例如，某品牌某季节总计进货件数为10000件，总销售件数为7800件，则该品牌该季节的售罄率为（7800/10000）×100%=78%，即每100件衣服里有78件衣服售出。

4. 进店率

进店率指在单位时间内，进入店铺内的客流量与从店铺门口经过的人流量的比率。

进店率的统计有两类方法，有条件的公司可以使用专门的"客流统计器"，没有条件的公司可以通过人工统计进店率。人工统计进店率首先选好目标点，然后定好目标观察时间段，选择1~2个工作日的日期段，2个周末日期段。在工作日的日期里，选择2~3个不同的时间段，根据这2~3个时间段客流来推算一天营业时间的客流。周末的客流比较集中，可以抽上午1~2个小时和下午1~2个小时观察客流，然后推算出周末一天的客流。

例如，某商场的某服装店铺工作日一天过店客流量是1200人，进店人数是60人；周末一天过店客流推算是3000人，进店人数是100人，请推算该月平均进店率。

其中，一个月的过店客流量人次可以推算为：

$$1200 \times 22（工作日）+3000 \times 8（周末）=50400（人次）$$

进店总人数可推算为：　　　　　$$60 \times 22+100 \times 8=2120（人次）$$

$$进店率=（2120/50400）\times 100\%=4.21\%$$

5. 成交率

单位时间内的成交人数除以单位时间内的进店人数，就等于成交比率，简称成交率。成交率=（成交人数/进店人数）×100%。

例如，某商场的某服装店铺工作日一天过店客流量是1000人，进店人数是40人，成交人数是5人；周末一天过店客流量推算是3000人，进店人数是88人，成交人数是10人，请推算这个月的成交率。

进店总人数：$40 \times 22 + 88 \times 8 = 1584$（人次）

成交总人数：$5 \times 22 + 10 \times 8 = 190$（人次）

成交率=（190/1584）$\times 100\% = 11.99\%$

6. 客单价

客单价指每位顾客每次在店铺消费的金额。在客流量有限的情况下，提高客单价是提升店铺销售额的重要方法。客单价=销售总额/销售客单总数。如表1-2所示，7~10月客单价=3321200/4767=696.71（元/人次）。

表1-2 某店铺7~10月销售情况表

销售月份	本季销售件数（件）	购买人次（次）	实际成交销售总金额（元）
7月	1800	1000	630000
8月	2010	1256	643200
9月	3200	1280	1248000
10月	1600	1231	800000
小计	8610	4767	3321200

7. 件单价

件单价指一段时间内所有销售商品的平均单价。件单价也是一项重要的销售指标。件单价=一天（段）时间内销售额/售出商品的件数。如表1-3所示，件单价=349648/750=466.20（元/件）。

表1-3 某店铺销售情况表

款号	零售标价（元）	本季销售件数（件）	实际成交销售总金额（元）
A01	598	200	71328
A02	698	300	150700
A03	558	100	35500
A04	598	150	53820
小计	2452	750	311348

8. 客单数

客单数指在一定时间内顾客完成的购买交易笔数。客单数=单位时间内销售总件数/销售额单总数。

一家店铺陈列成效可以从进店率、试穿率、售罄率、件单价、客单数等数据体现。一家店铺的业绩来自整体数据的提升，只看单项数据的话，并不能真正评判一家店铺的业绩。服装陈列设计作为一个部门，应与其他部门团队合作，通力实现店铺业绩的提升。

（二）单店盈利能力分析

服装零售终端的营业额取决于多种因素的综合作用，营业额可以通过以下公式计算：

$$营业额=交易客数×平均客单价$$
$$交易客数=客流量×进店率×成交率$$
$$平均客单价=平均购买件数×购买平均单价$$

要想提高店铺的营业额，就必须从客流量、进店率、成交率、平均购买件数、购买平均单价等方面入手。

一般来讲，服装店铺的利润有以下5种计算方法（图1-1）。

服装店铺利润计算中公式1是运用最为普遍的，利润=客单价×客单数×平均毛利率-经营费用。其中，客单价指每一位顾客平均购买商品金额；客单数指有效的客流数，即进入卖场后买单的客流数；平均毛利率=毛利额/销售额；经营费用包括可控的经营费用和不可控的经营费用，可控的经营费用包括人工费用、存货费用、水电费、修理费、运输费、通信费、营销费等，不可控的经营费用包括租金、折旧、摊销等。经营中需明确费用明细，及时采取策略控制费用，提高利润。

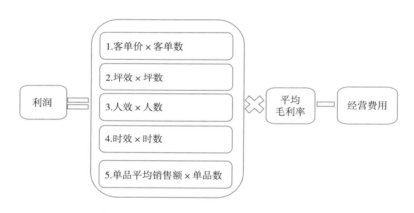

图1-1　服装店铺利润计算的5种方法及公式图

其他相关利润控制点：

坪效=销售业绩/店面面积（总营业面积），坪效即平均每平方米的销售额。不仅要关注整体坪效，还要关注品类坪效，品类坪效＝品类营业额×陈列面积，品类坪效可作为调整商品结构和陈列面积的客观依据。

人效=销售额/员工人数，即平均每人完成的销售额。通过人效可及时了解和掌握员工的工作能力和工作心态，以便对症下药，提高人效。

时效=销售额/时数。通过时效可及时了解店铺一天的客流高峰期和低峰期，通过准确的数据分析，合理地调整工作时间和工作安排，有效促进员工的工作积极性。

单品平均销售额与陈列有很大关系，同一商品陈列在不同的位置其销售额可能有很大不同。由于地域性和消费者消费能力的不同，商品和商品之间存在某些差异，可分出A、B、C、D等级，作为管理人员应分析其差别，进行合理陈列，努力让所有商品发挥其应有的销售能力。

服装店铺常用销售数据指标及作用如表1-4所示。

表 1-4 服装店铺常用销售数据指标及作用

销售指标	数据分析的作用
总销售额	1. 作为员工订货目标依据 2. 比较各分店销售情况 3. 评估店铺主管、员工及货品的组合
分类销售额	1. 作为订货、组货的依据 2. 了解本店本区消费者购买倾向 3. 增加滞销品类展示
售罄率 （销售数量/期初库存数量）	1. 提高产品在指定期间内售出的比例 2. 比较投入产出，调整投资比例 3. 售罄率过高应及时补货存货，过低则尽快解决库存
库销比［（期初库存吊牌额+期末库存吊牌额）/2］/本期销售吊牌额	库销比过大，滞销危险性偏高，若库存数量也偏大，且上市天数较多，需要提前对货品进行处理
坪效 （每天每平方米销售额）	1. 分析店铺面积的生产力 2. 确认店内存货数量与销售的对比 3. 品类坪效可作为调整商品结构和陈列面积的客观依据
人效 （每人每天销售额）	1. 检验员工产品知识与销售技巧 2. 检验员工与货品匹配 3. 检验员工排班合理性
连带率 （销售件数/交易次数）	1. 了解货品搭配销售情况 2. 掌握顾客消费心理 3. 了解员工连带销售能力 4. 低于1.3%为过低，应提升员工的连带销售能力 5. 检查陈列是否与货品搭配相符
客单价 （销售额/交易次数）	1. 寻找消费者承受能力的范围 2. 比较货品与顾客需求是否相符 3. 以平均单价作为货品价位的参考数据，作为定价的参考数据 4. 将高于平均单价的产品特殊陈列 5. 用低于平均单价的产品吸引实用型顾客
平均单价 （销售额/销售件数）	1. 界定顾客的消费能力 2. 检验员工的销售技巧 3. 将高于平均单价的产品特殊陈列
货品流失率 （流失数量/当期总进货数量）	1. 了解流失率是否处于正常水平 2. 减少货品流失 3. 防范意识是否有待加强 4. 防盗设备是否正常运转 5. 员工内部管理流程是否存在漏洞 6. 店铺内部防止失货的技巧与方法培训

（三）货品销售情况分析

1. 畅滞销款分析

畅滞销款分析是单店货品销售分析中最简单、最直观也是最重要的数据因素之一。

畅滞销款分析的作用：

（1）畅滞销款分析可以提高订货审美能力和对品牌风格定位的把握。

（2）畅滞销款分析对各款式的补货判断有较大帮助，可减少因缺货而带来的损失，提高单款的利润贡献率。

（3）畅滞销款分析可以查验陈列、导购推介的程度。

（4）畅滞销款分析可以及时、准确对滞销款进行促销，以加速资金回笼、减少库存带来的损失。

2. 单款销售生命周期分析

单款销售生命周期指单款销售的总时间跨度以及该时间段的销售状况（一般是指正价销售期）。单款销售生命周期一般是针对一些重点的款式（订货量和库存量较多的款式）来做分析，以判断出是否缺货或产生库存压力，从而及时做出对策。

单款销售生命周期主要受季节和气候、款式自身销售特点、店铺内相近产品之间的竞争三个因素影响。如果单款销售出现严重下滑，一般会有以下几种原因：一是近期天气气温变化较大，不适合该款销售。二是该款销售生命周期已到末期，是一种正常的下滑。货品生命周期一般包括导入期（季初上新）、成长期（销量逐渐增长）、成熟期（销量达到一定程度逐渐稳定）、衰退期（销量逐渐下降）、死亡期（季末甩货），如果该款生命周期到了衰退期或者季末死亡期，出现严重下滑也是正常现象。三是新上了一个类似款，在陈列时比该款更突出，由于消费者的视觉疲劳会更青睐新上的款式，从而造成了对原有款式的疏忽。

若该款库存量较大，根据以上三种原因，应及时给出针对性措施：如果是第一种原因，可以等气温合适时再重点陈列，但也应考虑该款的上货时间把握是不是存在问题；如果是第二种原因，应该及时促销，以提高该款的竞争力，降低库存风险；如果是第三种原因，则应考虑把与之竞争的新款撤掉或陈列在较一般的位置，并反思自己对上货时间的把握。

反之，如果根据销售走势判断出该单款所处的生命周期阶段，发现其还有一定的销售潜力，则可以分析出该款大概还可以销售多少件，再结合库存量快速补货，以减少缺货损失（表1-4）。

3. 适销率分析

适销率=销售总量/进货总量，也被称为销售率或消化率，它反映了该货品的销售情况。服装零售终端需要针对各类别商品的适销率进行分析，以确定合理的货品结构。

影响货品适销率的原因通常有以下六个方面：

（1）商品设计问题。

（2）商品板型问题。

（3）商品质量问题。

（4）上货时间错位。

（5）卖场陈列问题。

（6）销售服务问题。

三、货品盘点

（一）货品盘点的目的

（1）核实货品实存量，更正计算机账与实物账不符现象。

（2）控制存货数量，存货可直接影响商品的周转率及资金周转，通过盘点与账面存货对比，掌握实际存货量，借助比较盘损盈，作为决策依据。

（3）掌握损益正确的盘点作业，能计算出店铺真实的"成本率"和"毛利率"，这两项是反映店铺运营情况的关键性指标。

（4）掌握库存现金状况，发现异常及时纠正。

（二）盘点作业流程

盘点是指定期或临时对库存商品实际数量进行清查、清点的一种作业。通常情况下店铺盘点的流程如图1-2所示。

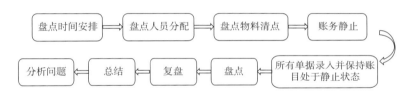

图1-2　服装店铺盘点作业流程图

盘点作业三点说明如下：

1. 盘点时间安排

盘点一般有年度大盘点、季盘点、月盘点、周盘点、日盘点。服装店铺的货品原则上每月月底盘点一次，因经营管理需要或公司特别指示，可安排不定期盘点。此外，公司总部还需每年不定期到各地区抽查盘点。

2. 盘点人员分配

经营者在盘点库存时要做到有条不紊。盘点人员要明确分工，各负其责，月盘点最好有专门的理货员，不要让营业员或收银员兼做理货员，这样才能保证在盘点时人力上不影响销售。日盘点则是在每天早晨进行早点数和晚点数，并与账面结存数核对相符。店铺若有换班也要进行盘点，由刚上班的人员盘点，下班的人员监督盘点。

盘点时最好有三人在场，一人去卖场将吊牌翻出，并记下每个区域的货品数量，一人用无线扫描枪，并核对是否与第一人盘点的数量一致，一人盯着计算机的账面，以免计算机出现意外。

3. 盘点物料清点

为了使货物盘点的数量准确无误，首先要做好入库时的货物堆码工作。整齐、有条不紊的堆码，既保证了货物质量上的安全，也使货物在数量上清晰可见且便于清点。

每月定期或不定期的由盘点责任人分别对每一存货进行逐一清点，逐一核对流动标志数量，最后和账面数量进行一一比对，发现问题，及时查明原因，向上级汇报。

（三）盘存方法

1. 实地盘存法

实地盘存法指对未售出的库存商品进行实地清点，以了解实际库存金额的方法。此法一般是每年或每半年一次，尤其是会计工作健全的大型服装店，最适合也最应该实行实地盘存。

2. 账面盘存法

账面盘存法指通过数据资料的统计，记录进出货的情况，从而计算出商品期末存货的价值的方法。此种盘存法适合服装店的每个部门，可依部门统计，借以了解当月的进货毛利、销货毛利、商品库存金额、商品周转率等。

（四）盘损与盘盈分析及处理

服装店的盘存工作经过种种复杂琐碎的程序后，算出盘存金额。实地库存与账面库存一般会存在差异。其产生原因有三方面：一是进货阶段的损失，二是陈列环节的损失，三是售卖环节的损失。

如何处理盘存出现的问题呢？商品的溢缺是商品在流通环节中所发生的多溢和损耗。盘存时，如果库存发现溢缺，需要再次核账复查。当确认发生库存溢缺时要认真分析，查找原因，并制定措施，防止溢缺再次发生。妥善处理商品的溢缺，填报财产溢缺单，提出改进意见，防止事故再次发生，是营业员的重要职责。

任务二 服饰搭配设计

【任务导入】

请根据品牌服装产品进行服饰搭配及展示。

◆ 知识目标

1. 了解并掌握服饰搭配的原则与搭配技巧。
2. 了解并掌握不同体型的着装原则。
3. 了解并掌握品牌服装的设计风格及特点。

◆ 技能目标

1. 能够根据顾客的体型特征为其提供针对性的产品组合搭配参考。

2.能熟练运用服饰搭配的原则与搭配技巧进行针对性的服饰组合搭配设计。

3.能够基于品牌产品特点和风格进行产品组合搭配方案设计。

◆ 素质目标

1.具备良好的职业形象、品牌意识和服务意识。

2.具备较好的文化艺术修养和搭配审美。

【知识学习】

　　服装产品陈列需要服饰组合搭配展示。首先，服饰搭配陈列能够增加商品的层次感和商品的丰富程度，使陈列展示具有节奏感；其次，服饰搭配陈列能体现服装的整体形象，突出品牌风格的着装效果，比单品陈列展示更具吸引力；最后，服饰搭配陈列能拓展销售引起关联购买。在商业平台不断多元，信息更迭快速的背景下，服装品牌之间的竞争变得更加激烈，品牌都希望在终端能更好地传达品牌个性，能将品牌形象快速传达给消费者。

一、服饰搭配的原则与技巧

（一）服饰搭配的原则

　　服装与饰品是整体与局部之间的关系，它们之间是互相作用的。服装与饰品在色彩、款式造型、材料等要素上和谐搭配或者产生对比搭配，都应该是在风格协调统一的前提下，服饰设计美才能充分体现出来。服饰搭配技巧在店铺陈列与销售中起到很大的作用，需要陈列师在实践中不断地探索，根据店铺所在区域目标客户群的特性、时尚流行、区域文化、生活方式等因素来工作。因此，在服饰搭配实践中应注意以下三个原则。

　　1.风格的统一

　　不同的、独立的服装、服饰品类组合成完整的服饰形象。服装与饰品的风格统一指服装与饰品在款式造型、色彩、材料材质、风格等方面上的统一。成功的服饰搭配具有"锦上添花"的点睛效果。服饰搭配还应建立在与场合风格相匹配的基础上，如与职业装搭配的服饰品应以造型简洁大方、色彩素雅低调为主；与礼仪服装搭配则可以以款式造型夸张特别、色彩鲜艳的饰品为主。

　　2.色彩的呼应

　　通常在一套服饰搭配中主要颜色最好不要超过三种，其中主色调面积比至少达到50%，不同品类服饰的颜色要有所呼应，如内搭与外套的颜色呼应，鞋、包与服装颜色的呼应等。色彩的呼应会使整体服饰搭配呈现协调、生动、节奏感的效果。

　　3.质感的协调

　　不同面料的质感、手感、厚薄度不同，因此，所呈现的面料风格也是不同的。在服饰搭配时要考虑上下装的材料质感协调、服饰与整体服装的材料质感协调一致等。例如，棉的上衣质感会比较质朴，一般会选择麻、棉麻类下装来搭配；而丝麻的材料风格偏细腻轻柔，一般搭配丝绸会比较和谐。

（二）服饰搭配的技巧

1.服饰色彩搭配技巧

（1）统一法服饰色彩搭配。采用同一色调或色系的服饰搭配在一起，产生和谐、自然柔和的服饰美，呈现端庄、成熟稳重的服饰风格，是职业装搭配常用方法。同类色、邻近色搭配都属于统一法搭配。同类色搭配是将同一个颜色中深浅不同的颜色相配，即同一色相不同明度的色彩，如绿色与浅绿色、宝蓝色与天蓝色、浅粉与玫红色等（图1-3）。同类色搭配时需要注意颜色之间的明度差要适当拉开，明度相差太小或太近的色调搭配容易缺乏层次感和对比感，会产生单调沉闷感。邻近色搭配是将色相环上邻近的色彩搭配，如紫色与蓝色、红色与橙黄色等邻近色彩的搭配，因其相互之间含有相同的色相构成，因此搭配在一起也比较和谐。邻近色搭配比同类色搭配对比度要大一些，需要注意色彩之间主次分配及明度、纯度的控制。

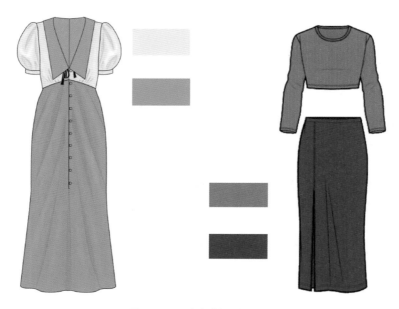

图1-3　同类色搭配案例图

（2）呼应法服饰色彩搭配。呼应法色彩搭配是在选择搭配的服饰单品时，从已有的服装色彩组合中选择其中任一颜色作为与之搭配的颜色，在上与下、内与外、整体与局部之间呼应装饰，给人以整体、和谐、统一的美感。呼应法色彩搭配的具体处理手法可以体现在内衣与外衣、上衣与下裙、衣服与配件、衣服与装饰图案的呼应上，进而使服装色彩的整体与局部、内与外、上与下之间相互搭配，整体风格统一又有变化（图1-4）。

（3）对比法服饰色彩搭配。对比法色彩搭配就是将不同色调或色相的颜色组合在一起，以达到对比或衬托的效果，这种配色以刺激人的视觉而产生强烈的对比效果。对比色搭配时，可以将两个相隔较远的颜色相配，如黄色与紫色、红色与绿色。这种色彩搭配需要注意对比色之间面积的比例关系（图1-5），一般来说，全身服饰色彩的搭配避免1:1的比例，一般以3:2或5:3为宜。

（a）图案与整体服装色彩搭配呼应　　　　（b）服饰配件与整体服装色彩搭配呼应

图1-4　呼应法服饰色彩搭配案例图

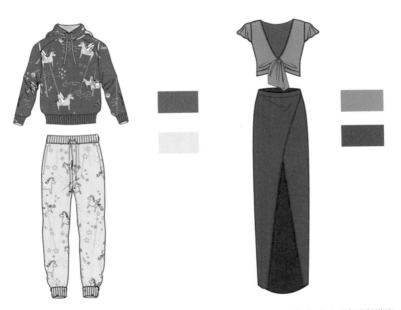

（a）宝蓝、柠檬黄对比错误面积搭配　　　　（b）蓝紫、橘黄对比正确面积搭配

图1-5　对比法服饰色彩搭配案例图

（4）点缀法服饰色彩搭配。点缀法色彩搭配就是在统一主色调的基础上，加上非常醒目的小色块作为点缀，起到画龙点睛的作用。运用点缀色彩的搭配方法，可以打破沉闷的单一色调。采用点缀法色彩搭配时，服装可选用简洁大方的素色款式来给配饰留出足够的展示空间。服装上的点缀色以鲜亮、醒目的高明度、高纯度色彩为主，通常会用各种胸饰、发饰、丝巾、徽章、腰带等服饰搭配，如可以将亮色丝巾与自己的暗色服装搭配来提亮脸部，也可利用亮银、金色配饰打破暗色衣服的沉闷。

（5）中性色过渡服饰色彩搭配。两种色彩搭配对比过于强烈时，可以在两种颜色中同时加入一种色彩，也就是第三方色彩的介入，让第三方色彩同时与这两种颜色产生关联。还可以用一种色彩将这两种色彩做一个间隔，间隔色彩以无彩色为主，如黑、白、灰、金、银等颜色。如白色上衣与黑色下装搭配，可以白色上衣内搭一件黑白条纹相间的T恤，既减少了上装和下装两种颜色的冲突，又做了一个缓冲使两种颜色平稳过渡。这种过渡就是中性色服饰色彩搭配法，即让对比色通过中性色的过渡，产生色彩连接的感觉，这种色彩搭配法会让人感到整体协调（图1-6）。

（a）错误搭配　　　　　　　　　　（b）正确搭配

图1-6　中性色过渡搭配法案例图

2. 服饰款式比例搭配技巧

（1）上长下短搭配法。上长下短是近几年较流行的款式搭配法，优点是能够修饰臀部，让人在视觉上形成错觉，显得苗条高挑。因为我们在观察人的时候会有一种无意识状态，不自觉地把自己的视觉集中在人的上半身上，因此会产生视错，从而达到修饰身高不足的效果，如果再配上高跟鞋，则更能发挥修饰身高的作用。

（2）上短下长搭配法。上短下长搭配的优点是通过服装上下比例而产生视错，从而突出下半身的修长，对腿部有拉长效果，特别是对身材上长下短的人来说，这样的搭配能够起到一定的修饰作用。同时，短上装还有能够突出修饰胸部的作用，这种搭配方法也适合希望使胸部显得丰满的女性着装。

（3）上下相近比例搭配法。这是大众较为不接受的一种比例搭配方式，因为这种搭配过于均衡，显得有点呆板。但随着近几年街头风格的流行，这种比例搭配受到了年轻人的欢迎，在街头服饰、潮服中常有这种比例的服饰搭配，显得更随性、有街头感。

3. 饰品搭配技巧

（1）点缀法服饰搭配。饰品作为服饰的重要组成部分，按照一定的色彩搭配规律、款式造型、风格特征等与服装组合后，以整体的形象展现出来，才能体现美的价值。完成一个服饰美的塑造过程需要一定的方法，饰品点缀法指在一个整体服装造型上再添加一种或几种饰品，从而使整体服饰形象更为生动。通常会利用首饰、围巾、腰带、包、帽子、鞋等饰品来点缀实现（图1-7）。如一套黑色女士服装会略显沉闷，想改变风格便可以利用色彩亮丽或造型独特的项链、胸针、帽子或包等元素点缀来增添活力，饰品点缀法特别适合在一些黑、白、灰色系的服装上使用。而男装搭配则比较重视整体服饰的统一，但可以采用点缀法用金色或银色的领带夹来打破沉闷，或利用邻近色帽子搭配，从而使沉稳的男装有一点细节的变化。

（2）呼应法服饰搭配。呼应法服饰搭配指在选择搭配饰品时，利用饰品的颜色、图案、材料等元素与服装在上与下、内与外、整体与局部之间呼应装饰，给人以整体、和谐、统一的美感（图1-8、图1-9）。

（3）对比法服饰搭配。对比法是指把款式造型、面料、色彩、风格等要素差异较大的服饰进行搭配，通过较强烈的视觉对比而产生个性化的服饰审美，是一种出乎意料、追求新意的搭配方法。这种将两种或多种不同或截然相反的服饰款式或风格进行组合搭配会形成新的穿着体验，营造出一种个性十足的服饰美感。如轮廓硬朗的皮夹克搭配柔美的纱裙及飘逸闪亮的丝巾，这种搭配方法不再受季节限制，厚薄、硬软对比搭配成为一种新的时尚着装搭配方式。

图1-7　腰带点缀法搭配案例图

图1-8　呼应法服饰搭配案例图——肩带、腰带与包的呼应搭配

图1-9　呼应法服饰搭配案例图

　　总之，在店铺整体服饰搭配出样中，依托服饰品的丰富形式来衬托服装风格，可通过搭配组合出不同造型、色彩、材料和风格的服饰形象，提供给顾客更多的选择机会。

二、不同体型的着装原则

　　女性的体型根据外形特征可以分为O型、A型、Y型、X型、H型五种（图1-10）。

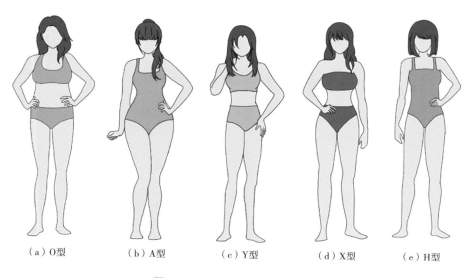

（a）O型　　　　（b）A型　　　　（c）Y型　　　　（d）X型　　　　（e）H型

图1-10　女性常见的五种体型

（一）O型体型的着装原则

1. O型体型的特点

O型体型最为突出的体型特点是圆润的腹部与肥大的臀部，大部分O型体型略有溜肩。具体穿搭适合单品与踩雷单品见图1-11。

图1-11　O型体型穿搭适合单品与踩雷单品

2.O型体型着装建议

避免穿着插肩袖与底摆收紧的夹克衫；避免穿小一号的裤子勒紧腰部且过于贴身的服装。适合穿着有垫肩的简洁合体的服装。适合穿着上下身颜色一致，垂直线的设计风格，合体的西装裙或长裤。

3.适合的服装外轮廓

H型外轮廓的服装由于剪裁利落，肩部方正，因此适合O型体型。

A型、X型、Y型外轮廓的服装不太适合O型体型。A型外轮廓的服装使肩部显得溜肩，腹部与臀部重量加大；X型外轮廓的服装强调O型所不具备的细腰；Y型外轮廓的服装强调O型所不具备的窄臀。

（二）A型体型的着装原则

1.A型体型的特点

A型体型主要特征是宽大的臀部，臀大肩小，虽然身材不一定胖，但是臀部的宽度比肩部宽，胸部是否突出不会影响臀部在整个身体中的比例。具体穿搭适合单品与踩雷单品见图1-12。

择衣原则：缩小下半身的视觉宽度，掩饰过宽的臀部，将视线向上半身吸引。

图1-12

图1-12　A型体型穿搭适合单品与踩雷单品

适合款式：宽松的西服和伞裙是适合的衣着，目的是避免他人对腰部的注意力。上衣要宽松，长度以遮住臀部为宜，打褶的长裤配上马甲或宽大的夹克，也能美化这种体型。

2. A型体型着装建议

避免穿着长及臀部最宽处的夹克和宽松的蓬蓬裙。合体的西装裙与直筒裤较好。臀部避免图案、贴口袋等设计元素。装饰品应位于身体的上半身，使视觉注意力上移，垫肩、肩章、收腰、胸部贴口袋、胸部褶皱、宽大的领子都是适合的设计元素。

3. 适合的服装外轮廓

A型外轮廓服装最适合穿着，因为很容易遮盖宽大的臀部。

X型、H型、Y型外轮廓服装都需要垫肩来调整肩部的宽度以平衡臀部。如果臀部不是非常肥大，肩部垫肩调整后，X型、H型、Y型外轮廓的服装都适合穿着。

（三）Y型体型的着装原则

1. Y型体型的特点

Y型体型宽肩窄臀，背部较宽。虽然胸部有可能很丰满，有腰部曲线，但腿部较细，体型外部特征仍为Y型。择衣原则：修饰肩部、收腰、丰满臀部线条。具体穿搭适合单品与踩雷单品见图1-13。

图1-13　Y型体型穿搭适合单品与踩雷单品

2.Y型体型着装建议

为了在视觉上减小肩部、加宽臀部，插肩袖或无肩缝的衣袖设计较为有效，要选择简洁、宽松的上衣款式，避免穿着有垫肩，肩章或扩大肩部的衣服。当腰部比较纤细时，X型外轮廓的服装较为适合，即合体的上衣与有裙摆的裙子，这样就可以让Y型体型看上去更接近X型；当腰部比较粗壮时，Y型外轮廓服装更加适合。

3.适合的服装外轮廓

Y型外轮廓的服装非常适合，还可以掩盖丰满的胸部。A型外轮廓的服装也非常适合。H型外轮廓的服装容易让臀部变得与肩部一样宽，尽量避免，但如果是飘逸流动的面料，则也适合。

（四）X 型体型的着装原则

1.X型体型特点

X型体型胸部丰满，腰部纤细，臀部圆润，曲线明显，是女性感最突出的体型，也称沙漏型。择衣原则：突显曲线是关键，偏胖的话会有壮硕的感觉，可多穿高腰连衣裙和V领款式衣服。具体穿搭适合单品与踩雷单品见图1-14。

图1-14　X型体型穿搭适合单品与踩雷单品

2.X型体型着装建议

如果身材纤细，身高中等，那么几乎所有的款式都可以穿着；如果身材比较丰满，那么应该注意身体与服装的合适度。

3.适合的服装外轮廓

X型的服装强调了X型体型的所有优点，突显曲线，女性感突出。A型、H型外轮廓服装容易将X型体型优美的纤细腰部遮盖，如果是收腰的设计，则显得好看。Y型外轮廓的服装因为肩部的夸张，因此在视觉上缩小了臀部的比例。

（五）H 型体型的着装原则

1.H型体型特点

H型体型肩部与臀部的宽度接近，身体最突出的特征是直线条，腰部不明显，为H型的轮廓线，腰部和臀部的尺寸相差较小。择衣原则：尽力创造女性曲线。具体穿搭适合单品与踩雷单品见图1-15。

图1-15　H型体型穿搭适合单品与踩雷单品

2. H型体型着装建议

应避免巨型、较短或贴身的上衣。如果身材属于偏瘦的H型，可以利用加宽肩部与臀部的设计来修饰体型；如果身材属于胖的H型，那么在适当加强肩部与臀部设计的同时，可以选择一些有腰线设计的服装。

三、品牌着装搭配设计

品牌着装搭配设计，是基于学习了服装搭配设计之后的实践运用知识。一般来说，同一品牌的设计师在设计服装时，会充分考虑同一系列的上衣和下装、内搭和外套、相邻季节服装之间的搭配匹配度等因素。因此，品牌着装搭配设计的学习，需掌握服饰搭配原则和方法，熟练应用搭配技巧，才能够根据客户需求，为顾客提供专业的着装搭配建议，并且通过品牌着装搭配，维护品牌的设计定位和形象，突显不同顾客的个性风格。品牌着装搭配设计分为设计风格搭配、色彩搭配和面料搭配。

（一）设计风格搭配

设计风格是设计师的精神与情感的感性体现，通过体现出来的风格，可以感受设计师的思想观念、审美理想和精神实质。因此，对市场上的服装品牌进行重新梳理，设计风格主要包括职业知性风格、休闲风格、运动风格、森系风格和其他风格。

1. 职业知性风格

这类风格的服装品牌，定位人群为职业人员，消费者通过服装来塑造自身的专业感。在服装搭配中，多采用色彩对比柔和的配色，有质感的材质进行搭配。职业知性风格服装品牌根据定价，可分为低档产品、中档产品、中高档产品、高档产品，也可进行订制。

随着现代社会的不断发展，消费者对服装的特色设计需求越来越多，职业装的搭配也变得多种多样。服装品牌在设计服装时，也会从职业休闲的角度出发，设计一系列适合职业工作者从容应对日间工作和晚间商务交往的服装（图1-16）。

图1-16 某品牌服装穿搭

2. 休闲风格

生活节奏加快，人们的着装更加追逐轻松、自然和随意的款式来缓解生活的压力，让心灵得以净化。休闲风格正是以穿着与视觉上的轻松、随意和舒适为特色应运而生，其年龄层跨度较大，是适应多个阶层日常穿着的服装风格。

现在服装市场上占比最大的是休闲风格，它可以和任何风格融合，形成新的风格，如职业休闲风格、运动休闲风格、休闲少女风格、时尚休闲风格、波普艺术风格、解构主义风格等（图1-17）。

图1-17 休闲风格着装

3. 运动风格

运动风格时装化设计是将运动服装的自由舒适、专业功能性与时装的曲线修身、潮流时尚巧妙地融为一体，是近年来国际时尚界的一大热点。运动风格时装突出了"运动时装化"的概念，所表现出来的已经不仅是其功能上的价值，而且展现了时尚、潮流、性感、独特、气场强大、具有影响力等运动时装的新内涵（图1-18）。

图1-18 某品牌走秀现场

4. 森系风格

森系最早来自森林系女孩，森系风格指的是一种服饰风格，即清新、自然、超凡脱俗的，穿着有如走出森林般的自然，不做作、天真、自然的生活风格，如田园风格、小清新风格、少女风格都属于森系风格，因此服饰上多带有碎花、田园花朵等元素，百褶裙、淡色系是其小清新的代表（图1-19）。

图1-19 森系风格时装

5. 其他风格

除了以上风格以外，还有根据历史时代、不同国度形成的风格，如古埃及风格、印度风格、波希米亚风格等。因此，具体的不同品牌服装需根据不同风格搭配。

（二）色彩搭配

色彩是品牌服装无声的风格体现，品牌可以通过色彩，加深顾客对于品牌的色彩印象和文化印象。不同定位的服装品牌，服装色彩选择也大不相同。因此陈列人员需要了解多种类、不同风格定位的品牌服装，以及品牌服装的色彩搭配。

1. 无彩系色彩搭配

黑、白、灰是无彩系服装色彩搭配的主力军（图1-20）。无彩系服装传递给消费者一种沉稳、内敛、低调或者酷酷的视觉感受。因此在无彩系服装搭配中，可根据不同品牌的消费人群进行定位，搭配品牌服装，突显品牌文化。如图1-21所示的某品牌，从店面装潢到店铺陈列，无一不在呼应该品牌服装的色彩印象和文化印象。

（1）纯色系搭配。纯色系搭配有黑与黑的搭配、白与白的搭配和灰与灰的搭配。在品牌服装中，纯色的上衣下装搭配有套装、休闲装等，由于颜色比较统一，因此服装搭配时需要注意上下装之间的款式搭配。

图1-20　无彩系色彩

图1-21　某品牌店铺陈列

（2）多色系搭配。这里的多色系指两种或两种以上无彩色服装搭配。尽管没有彩色，也要注意色块与色块之间搭配的和谐美。

2. 同色系色彩搭配

同色系的服装搭配不仅不容易出错，而且同色系的服装还能营造品牌的审美品位。品牌服装设计师在设计时，也要充分考虑到搭配问题。陈列师在陈列搭配时，只需按照品牌新款图册模特穿着的搭配来陈列。即可如果店铺内库存不能满足图册上模特的搭配，那陈列师可以按照以下两种方式来搭配。

（1）长+短搭配。品牌服装中，根据每季流行，上衣、下裤、裙子、外套等都会有长短变化，因此在搭配时，可以上长下短搭配或上短下长搭配，也可以内短外长或内长外短搭配。多层次搭配可让普通的单品立即转化为时尚潮牌（图1-22）。

（2）五五搭配。如图1-23所示，长上衣和长下装搭配、短上衣和短下装搭配也是搭配中常用的手法。这种搭配需要突出腰线，否则会从视觉上令人显得矮壮，使穿着者失去正常身材比例

图1-22　长+短搭配　　　　　　　　　　　　　图1-23　五五搭配

3. 对比色系色彩搭配

一些定位为年轻人的时尚潮牌会选择有视觉冲击力的服装配色。服装色彩丰富，色调醒目、活泼，引人注目，但若搭配不当，也容易出现杂乱无序的糟糕效果。对比色服装的搭配可采用如下两种方法。

（1）两种对比色占比不均衡。两种对比色当中，一种占主导。如图1-24左图所示，绿色和紫色形成对比，但紫色占整套服装视觉比重较大，服装整体搭配有重点，很和谐。

（2）用服饰中的对比色饰品呼应。如图1-24右图所示，蓝色和红色对比，服装整体上蓝色外套占比较大，内搭T恤中红色较少，因此配搭一个纯度较高的红色手袋，与T恤呼应。

4. 互补色系色彩搭配

这种色彩搭配使用色相环上相距180°的色彩组合，容易形成强烈对比，给人以刺激、跳跃的审美感受，如红与绿、紫与黄的搭配等。在某些品牌服装设计中，互补色系搭配的服装也较为常见。

图1-24　对比色系着装搭配

（1）少量互补色点缀。如图1-25左图所示，服装中局部领口点缀少量红色，其他地方为绿色，整体搭配显得青春、活泼、灵动，带有强烈的品牌设计风格。

（2）改变互补色明度或纯度。如图1-25右图所示，服装色彩的占比约为5：5，因此内搭的裙装降低橙色的饱和度，使整体服装搭配轻快、时尚。

图1-25　互补色系着装搭配

（三）面料搭配

根据不同服装品牌的设计风格，服装面料应用也呈现不同特点。

1. 厚重类面料搭配

厚重类面料有毛呢、针织、皮革、羽绒、丝绒面料等，一般适合春、秋、冬季。天气寒冷时，人们更倾向毛绒保暖的面料，而深色面料更容易给人厚重、保暖且耐脏的感觉。因此，在品牌店铺陈列秋冬装时，大比重深色服装一般会搭配一些色彩纯度低、明度高的丝巾、包，或者选择一些轻薄面料的内搭，削弱深色面料营造的厚重感。

（1）毛呢面料搭配。以某品牌为例，某针对18~35岁女士，主打轻奢风格，因此在图1-26所示的服装搭配中，遵循上长下短、上衣膨胀、下装修身的比例原则，既彰显了年轻女士的俏皮，又不失知性的设计。同品牌服装之间的色系统一，使该服装之间的搭配变化更为丰富，针织、平纹、毛呢、人字纹等面料搭配，丰富了整体搭配的层次感，视觉感受年轻、活泼。

图1-26　某女装品牌毛呢面料搭配

（2）针织面料搭配。品牌服装搭配中，针织面料需要注意色彩、比例、质感的搭配。宽松纯色针织上衣可以搭配纱、雪纺、毛呢、斜纹布等下装；宽松抢眼的花色针织上衣，可搭配素色或暗花纹的下装予以突出；紧身纯色针织上衣搭配比较随意，只要颜色搭配好，下装的款式没有太多限制。如图1-27所示，服装整体色彩统一，以营造服装的甜美感觉和服装面料自身的温暖视觉体验。

图1-27　某女装品牌针织面料搭配

（3）皮革面料搭配。皮革面料有皮质光泽，给人的视觉感受是比较有棱角、比较酷的。因此在品牌服装搭配中，面料层次的搭配显得尤为重要。如图1-28所示，皮质上衣中点缀了珍珠，突显整体少女感。

图1-28 某女装品牌皮革面料搭配

（4）羽绒面料搭配。羽绒服装的市场流行变化分为廓型、面料、图案三方面。从修身款变化至现在的宽松廓形版，服装对身材的要求越来越小，纳米无污渍面料、反光五彩面料的不断研发，羽绒服的颜色、图案设计也越来越宽泛。羽绒服因为充绒原因，体积比较大，为了视觉平衡，内搭颜色可以辅助外搭服装，或者上下体积比例要和谐，在服装搭配时需注意上宽下窄原则（图1-29）。

图1-29 某女装品牌羽绒面料搭配

2.轻薄类面料搭配

轻薄类面料根据品牌服装设计需要呈现的效果，进行一种面料或者几种面料的搭配。

（1）丝质面料搭配。丝质面料分为真丝和人造丝两种。丝质面料可与其他任何面料搭配，搭配时需注意设计风格的体现和定位人群的喜好。

真丝面料在服装的表现形式比较多样，除了呈现丝质光泽效果外，还可以工艺处理成乔其纱、双绉、电力纺、烂花、磨绒等不同触感的面料效果。如图1-30所示，某品牌春季高定时装发布中服装以丝质面料为主，结合水钻、鸵鸟毛等辅料营造享誉全球的高贵典雅的女神形象。

图1-30 某高定时装发布中的面料搭配

真丝价格昂贵且面料娇贵难打理，人们便通过粘胶纤维、化学纤维制作出类似真丝面料的人造丝。人造丝可以仿造真丝织物的触感和光泽，价格便宜且易打理，深受消费者喜爱，但人造丝不如真丝亲肤。

（2）棉麻面料搭配。根据服装的设计风格定位，棉麻面料可与其他任何面料搭配。如图1-31所示，某品牌的服装定位为休闲森系风格，服装多以棉麻为主，此类服装的面料搭配遵循同风格搭配即可。

图1-31 某品牌夏季时装棉麻面料搭配

任务三　店铺日常管理

【任务导入】

请根据品牌陈列标准手册针对店铺日常管理制订销售目标计划、打造销售团队、妥善处理销售过程中的问题来保障经营计划的执行。

◆ 知识目标

1. 了解店铺日常管理内容。
2. 制订目标计划并跟进目标达成。
3. 了解日常店内培训知识与商品介绍策略。
4. 掌握销售服务沟通交流技巧。

◆ 技能目标

1. 熟悉销售流程及服务管理流程，制订日/周/月度销售计划并跟进。
2. 能够制订陈列方案，进行店铺陈列的落地实施。

◆ 素质目标

具有良好的团队合作意识、耐心服务及维护品牌形象的职业道德。

【知识学习】

一、店铺日常管理内容

（一）店长岗位职责及工作重点

1. 店长岗位职责

店长带领全体店员完成设定的销售目标并进行终端形象的推广与传播，以建立良好的市场口碑。

（1）负责店内综合事务的管理。

（2）统筹制订每月、每周、每日销售计划与任务分配。

（3）协助落实产品促销计划及效果追踪。

（4）协调店内人员，合理安排分工，培养并教导员工。

（5）负责对员工仪容仪表、状态与精神面貌进行检查。

（6）负责监督和指导店员按进度完成销售目标。

（7）负责店铺形象日常维护和管理。

（8）负责店铺内外环境卫生的检查与督导。

（9）负责每日交接班工作记录与盘点分析。

（10）负责店铺日常维修申请及处理。

（11）负责店铺突发事件的处理。

（12）负责店内防火防盗等安全设施的控制与检查。

（13）负责对店员进行业务指导。

（14）负责在每季新品上市时严格执行产品陈列要求，并做好日常货品区域布置与陈列。

（15）负责每天盘点库存情况，对畅销款及时提出补货措施，对滞销款及时提出促销措施，确保店内商品库存合理。

（16）负责每天向公司传送销售报表，并进行总结分析。

（17）负责严格进行店铺账目管理，做到日结。

（18）负责及时处理顾客投诉，重大投诉及时向上级报告。

（19）负责店铺每日收银现金的管理与审核，并及时入账。

（20）负责做好货品的补充计划与调拨管理，最大可能地满足货品销售需求。

（21）跟进建立顾客资源档案各项工作。

（22）跟进每个店员对其销售的客户做回访，保持短信或电话联系。

（23）负责团队管理，店铺的新员工招聘。

（24）负责人员日常考勤、考核，做到严格公正，并以此来激励员工。

（25）负责店铺员工的激励与卖场士气的提升，保持良好的工作激情。

（26）加强员工的培训，不断培养店员在销售技巧、货品陈列、客户服务等方面的专业技能。

（27）做好每天店铺开、收工作安排，确保开店准时，收店盘点清楚。

2. 店长工作重点

店长是管理者而不是销售者，是店铺的灵魂人物，架起员工与企业之间上传下达的桥梁，类似我们人体的大脑指挥身体的各个部分活动。店长素质方面要求要诚实守信、团队合作、有责任心和执行力。店长能力方面要求有自信、主动性、亲和力、沟通能力、客户服务意识、成就导向、耐心、人际及团队管理能力、计划能力、培养下属、激励下属、危机处理能力、数据敏感度。店长专业知识方面要掌握消费者心理学、陈列知识、店铺管理知识、店铺库存管控知识、顾客服务知识、产品知识、店铺销售技能、顾客服务技能、陈列整改技能。店长工作重点如下。

（1）检查员工形象。

（2）查阅运营手册。

（3）统计昨日销售数据。

（4）检查店铺系统和形象。

（5）检查补货情况，找出重点销售货品，调整货品陈列。

（6）发现员工销售问题、解决问题。

（7）检查员工销售类别。

（8）处理顾客投诉、跟进解决。

（9）空场时的训练。

（10）每周店铺和店长例会。

（11）每周店铺陈列。

（12）店铺用品使用与报销。

（13）店铺货品进销存表整理。

（二）店铺管理制度

1. 店铺考勤制度

（1）店长每月3号前将审核完毕的上月店铺考勤表报区长或经理。

（2）店长每月29号将下月店铺每日值班表报区长或经理。

（3）领班执行考勤制度，店长进行监督。

（4）考勤表要规范记录，店铺加班需经区长或经理批准后方可执行。

（5）员工因病或非因工负伤需要治疗的，须到工作地医保管理机构规定的医院就诊。

2. 店铺财务管理制度

（1）店铺每日要认真做好销售日报的数据传输，并将各项开支费用、营业额及实存银行金额写清楚，销售日报必须绝对准确。

（2）当日白天收受的营业款较多时，为保证安全，须直接上报区长或经理。

（3）店铺工作用品由区长或经理批准后方可采购，并有相应票据。

（4）店铺支付水电费、电话费等，必须用正规发票，及时上报区长或经理报销。

（5）未经区长或经理批准，店长不得以任何方式借付资金给公司任何人员。

（6）店铺内废品（如旧纸箱等）卖掉所得费用可作为店铺资金。

（7）营业收取现金时，必须加强识别，严防收取假币或破损货币，若收取假币造成损失由收取此笔现金的人承担赔偿，收银交接时要验收清楚，交接后责任由后来者承担。

（8）店铺每天存营业款时，必须在银行换好零钱。

（9）放置营业款现金的抽屉钥匙，银员或店长必须随身携带，若当天营业款和实收现金不符，误差部分由责任人承担赔偿。

（10）店长对有异议的账目问题，应及时上报区长或经理，不得自以为是，自作主张。

（11）店铺要加强防偷盗行为发生，尤其是特卖期间，店长应安排好专门导购防偷盗。月底若出现少货情况，具体处理方法是正价商品按零售价7折赔偿，打折期间如销售折扣低于7折，按最低销售价赔偿。

（12）促销活动时，赠品应如实记录发放情况，必须在当日销售日报上注明，不得延误。若有虚报，一经查明，将从严处理。

（13）低于店铺货品正常折扣的特殊折扣货品，公司直营店铺必须将其退回公司，不允许在店铺销售。

3. 店铺卫生管理制度

（1）为保持门店卫生整洁，店铺每月一次定期进行门面清洗。平时也应不定时进行维护、清洁，要求门面无灰尘、无污渍、有亮度，字迹不脱离不模糊。

（2）由店长安排值日卫生表，天天拖洗地面，要求无杂物、污渍，保持干净。下雨天时要注意经常拖地面，以防顾客、儿童滑倒。

（3）货架道具螺丝、接口等必须坚固，爱护货架，小心衣物被其划破，货架道具无灰尘、无污渍，玻璃台面上不允许堆放重物。

（4）收银台上只准放置工作用品，不准放置私物，物品放置须整洁有序，不得乱堆乱放，收银台每天擦洗，确保整洁。

（5）垃圾箱内垃圾每日12点、14点、19点、20点及时清理倒掉，垃圾不能超过垃圾箱3/4处或发出异味，垃圾箱必须天天清洗，保持干净。

（6）店内其他物品不得随意乱堆乱放，须保持形象整洁，试衣镜保持明亮、干净、没有污点，试衣间内要保证整洁，试衣鞋每星期二结束营业后清洗。

（7）保持卖场的干净整洁是店长日常管理中一项很重要的工作内容，除早晚交班集中做卫生外，店长要依据店铺的实际情况，随时对店铺卫生做监控，店铺员工应养成随手清洁的好习惯。

（8）做好计算机设备卫生工作，店铺所有计算机设备（如主机、显示器、键盘等）要做到表面干净、清爽，做好环境卫生工作，做好保密工作，计算机内的所有数据及文件不得随意告之、转借他人。

4.店铺考核管理制度

（1）非休息时间不得随意更换工作服、梳头、化妆、照镜子。

（2）营业时间必须按规定穿着统一工作服、工作鞋、佩戴工号牌，并保持其整洁、干净。

（3）在营业前要将店内卫生打扫干净，并整理好营业用具。

（4）不准将衣服、鞋子等私人物品放在收银台内。

（5）上班时间不准随身携带手机。

（6）女员工工作期间仪容仪表必须符合"个人形象篇"标准，饭后及时补妆。

（7）手部要保持干净，指甲长度与指尖肉平齐，使用无色指甲油。

（8）营业时间不准佩戴夸张首饰，如下坠的耳环等，手戴戒指不得超过两枚。

（9）接电话时，态度和气、亲切，要用礼貌用语，在未得到允许情况下，不要擅自使用店内电话，更不允许接打私人电话。

（10）上班时间不准看书报、杂志，听随身听，吹口哨、唱歌、哼小调等。

（11）卖场内不准放茶杯等私人物品。

（12）不准随地吐痰、乱扔纸屑和杂物，不得提前、超时用餐，且店员用餐要经过店长许可。

（13）卖场卫生不干净，未按要求做时处以罚款。

（14）接班人员未到岗前，不得随意离岗。

（三）服务流程

店铺服务流程如表1-5所示。

（四）顾客接待

顾客接待是整个销售环节中至关重要的一部分，它决定着店铺营业额的高低。因此，店铺内部的优质销售团队和销售人员良好的接待服务能提升消费者的购买率和关联产品的连带销售率。

表 1-5　店铺服务流程表

时段	内容
营业前	1. 整理仪容仪表、开启视觉系统、填写早会内容，随时留意进店同事致以招呼 2. 考勤、检查员工仪容仪表，开启空调 3. 召开早会 4. 收银交接、打扫卫生 5. 开始营业 6. 迎接顾客
营业中	1. 电脑营运系统处理，巩固跟进"店长工具箱"所有内容，店铺现场的调配及跟踪 2. 静场：店铺运作跟进 3. 旺场：补位是否合理、及时 4. 发现员工销售问题、解决问题、处理顾客投诉、跟进解决、及时跟进员工个人销售、给予回应、与员工分享，店铺营业款存入银行 5. 安排员工分批"充电"，并确保店内人手充足。"充电"时间每人30分钟
营业后	1. 总结销售、服务、货品、运作情况并鼓舞士气 2. 核账，电脑营运系统处理，巩固跟进"店长工具箱"所有内容，安排员工整理货品、点数 3. 一天工作巡视，做总结，点数汇总 4. 召开晚会，安全检查后关门，一天工作结束

顾客接待是销售服务的第一步，优质的服务会让顾客对店铺以及品牌留下美好的第一印象，从而进一步促成销售。因此品牌企业会对销售人员进行一系列的服务培训。

1. 销售人员的行为规范

（1）迎接顾客的站位要求。导购的站位是为了营造门店的热情和热销氛围，店内的销售人员应表现出"快乐的工作"状态，除了门口迎宾的导购外，其他店员可以整理货品、调整陈列、销售演练等，营造出忙碌、井井有条的氛围，吸引顾客进店。

当顾客经过门店时，第一眼所见的导购形象和站位会直接影响顾客是否进店，微笑有礼且着装大方的导购会让顾客有进店的欲望，而木呆站立或面无表情的导购，会直接吓走顾客。因此，必须培养导购的行为规范，顾客在店门口停步观看的时候，导购微笑引导顾客进店。

如图1-32所示，店铺导购在等待迎接顾客时，1人站立在店铺门口约50cm处，面朝店铺门口人流来的方向，1人站在收银台，其余人员可走动或站于货架旁，或在店内小幅度调整陈列、整理货品，时刻保持店铺内部整洁、舒适、美观。当门口导购迎接入店顾客后，其他店员应及时补位。

（2）微笑礼仪。导购的表情直接影响顾客进店的概率，如果顾客经过店铺看见表情麻木或者不理睬顾客的导购，顾客就会失去进店和试穿的兴趣。因此微笑就是调动顾客情绪最好的武器，它能传递给顾客友好、亲切、愉快的信息，能产生无穷魅力。中国传统商业文化中有句俗语——人无笑脸莫开店，在竞争充分化的时代，导购的微笑服务，拉近了首次进店的顾客与品牌、店员之间的距离，调动顾客的购买情绪，销售也就变得容易多了。

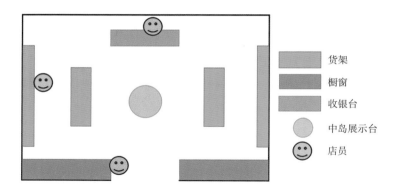

图1-32　店铺陈列和导购站位示意图

当导购目光与顾客接触的瞬间，要目视顾客微笑。微笑的最佳时间长度，以不超过7秒为宜，之后应该是面带笑容，否则时间过长会给顾客以傻笑的感觉。导购可以在微笑的同时说一些欢迎语，拉近顾客与导购的距离。

（3）语言规范。根据品牌门店服务的特性，迎宾语应充分体现品牌服务的价值，并且使用标准化的迎宾语更容易让顾客对品牌产生信任感。门店完整的迎宾语应该是"上午好！（时间要随时更换）+ 欢迎光临××品牌+新品到店欢迎试穿（或加上商品优惠、打折等信息）"。其他常见迎宾语如表1-6所示。

"欢迎光临""随便看看""随便挑挑"等迎宾语在逛街的时候时常听到，但这样的迎宾语在品牌经营中是没有宣传力度的。顾客在进店后没能记住这个品牌，从而影响顾客对于该品牌的二次光临，这无疑是一次失败的销售。

表 1-6　迎宾语

要求	具体内容
简单有效的迎宾语	欢迎光临××品牌
加上时间问候	上午好/中午好/下午好/晚上好！欢迎光临××品牌
加上节日问候	新年好/七夕节快乐/圣诞快乐……欢迎光临××品牌
加上促销问候	欢迎光临××品牌！今天全场新款八折，请进店挑选
加上产品信息	欢迎光临××品牌！今天刚到很多新款，请进店挑选

据统计，占顾客总数20%的老顾客能够创造店铺80%的业绩。因此，最好要记住老顾客的姓名、爱好和商品喜好，在迎宾时真诚表现久违的高兴和适当的关切，让老顾客感受到尊重和重视。

2. 了解顾客消费需求

随着人们物质文化生活水平的日益提高，消费需求也呈现出多样化、多层次，顾客的消费需求决定着店铺的成交率高低，因此导购要了解顾客的消费需求。在门店，有些店员没有建立与顾客之间的信任、没有了解顾客的消费需求，便盲目按照自己的意愿向顾客推销商品，结果适得其反，这也是大部分顾客流失的真正原因（图1-33）。

图1-33 不同销售为顾客服务的各个环节时间比例图

商品销售成功的概率取决于顾客的需求和商品的匹配程度，因此销售成功的关键是把握顾客的真实需求，按照顾客的需求对商品的款式、颜色、功能进行组合设计，提供顾客最适合的商品。

3. 顾客消费需求分类

（1）对商品使用价值的需求。使用价值是消费者需求的基本内容，这种消费满足顾客对于某商品的需要。例如，夏季即将到来，顾客买了一件无袖T恤，便是出于顾客对商品使用的需求而进行消费的。

（2）对商品审美价值的需求。顾客对于这类商品的使用需求没有那么强烈，但出于对美好事物的向往且产品迎合顾客的审美，从而产生消费需求。人们对消费对象审美的需求主要表现在商品的工艺、造型、式样、色彩、面料等细节方面。例如缂丝团扇。

（3）对商品时代性的需求。人们的消费需求总是自觉或不自觉地反映着时代的特征。例如，牛仔裤跟随不同时代的流行（图1-34），从最早的中腰直筒无弹力款到中腰喇叭裤的流行，再到低腰小脚裤，然后到现在流行的高腰裤。多种多样的牛仔裤产品被研发，就是为满足顾客对于商品时代性的消费需求不断创新的过程。

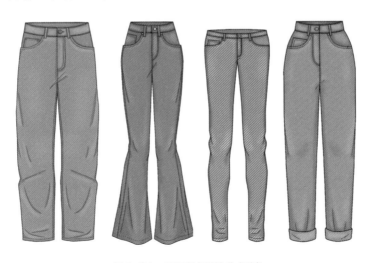

图1-34 不同时期的牛仔裤

（4）对商品社会象征性的需求。这类商品的消费需求出自购买者在拥有商品后获得的某种心理上的满足。

（5）对良好服务的需求。市场经济的发展，人们越来越重视商品购买过程中良好的服务体验，优质、细心、周到的服务是当今顾客消费的一个非常重要的原因。例如，海底捞火锅与其他火锅品牌在产品上相差无几，但海底捞有美甲、擦鞋、零食、孩童看护等诸多服务，且服务员非常热情，让消费者感受到温暖、亲近，从而产生消费。

（五）产品介绍

作为导购，仅靠微笑、察言观色和良好的服务是远远不够的，应从顾客的需求出发，学习和了解店铺内的所有商品和类似商品。只有对商品的相关知识有一定了解，才能做好顾客的专业顾问，更好地为顾客推荐和介绍合适的产品，与顾客建立信任，最终促成消费（表1-7）。

表 1-7　导购需掌握的商品知识

商品知识	具体内容
商品基础知识	品牌名称、产地、款型、风格、价格、工艺、面料、洗涤保养等
商品卖点（商品特色）	产品本身特色（如面料好打理、款型显修长、特殊制造工艺等）
竞争商品知识	其他品牌同类型商品的优劣势、价格、促销活动等
商品的经营策略	额外赠品、优惠、福利等

（六）顾客体验

顾客体验是一种纯主观地在用户消费和商品使用过程中建立起来的感受。店铺舒适、放松的环境为顾客提供愉快的购物体验，在顾客体验的过程中传达自己品牌文化，树立良好口碑，吸引更多消费者前来体验和选购，顾客体验是购买行为的关键。

1. 顾客体验的四个层面

顾客体验的四个层面如图1-35所示。

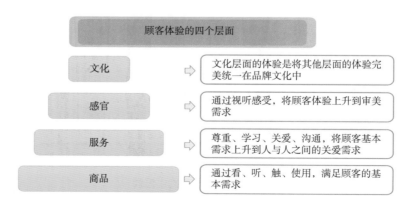

图1-35　顾客体验的四个层面

2. 引导试穿

试穿是销售成功的关键，是一次让顾客和商品亲密接触的机会。第一次试穿决定了顾客的成功购买率，所以导购在推荐商品时，不能一味顺从顾客的喜好，需要给予其专业、正面的评价。例如，一位体型偏胖的女士想购买一件修身显瘦的服装，这时她看中一款紧身裙，并想试穿，导购除了拿那款紧身裙以外，还可以准备一条同类型不太修身的裙子备用。当顾客试穿过程中发现任何不适或不满，可以立即替换，弥补前一件服装造成的不佳试穿体验（图1-36）。

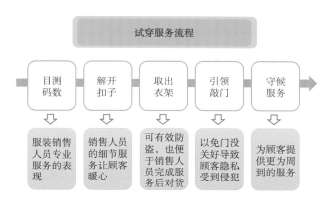

图1-36 服装销售试穿服务流程

（七）售后服务

服装商品出售给顾客后，不应视为销售工作的结束，而是另一种开始。开始良好的售后服务不但能够增加顾客的信任度，提升成交率，还能够提高顾客的忠诚度和回头率，甚至会吸引新的顾客来店选购。维护好和现有顾客的关系，对店铺来说是一件非常重要的工作。服装行业售后服务的内容主要有退换货，服装清洗、保养、维修和服饰搭配指导等。鉴于服装行业的特殊性，服装品牌售后服务质量，直接影响顾客下次的购买决策以及品牌在市场上的美誉度。售后服务是帮助顾客尽量实现服装使用价值的过程，表面上看，售后服务是服装品牌经营活动的一部分，事实上，它体现了服装品牌对顾客的关怀与情感表达。售后服务的好坏直接决定了服装品牌能否留住顾客，并获得顾客的正面推荐。

从目前的服装店铺售后服务实践来看，服装品牌都会建立相对较完整的售后服务体系，包括以下四个方面。

1. 退换货服务

顾客可以根据服装店铺的相关售后服务条款，就尺码、颜色、质量以及其他问题，到店铺进行退货、换货等。售后服务流程是整个服装品牌售后服务体系的重要环节，顾客所感知的售后服务质量、售后服务价值绝大部分产生于此。从消费者对售后服务的关注点出发，服装企业售后服务流程的界面应当简单而具有亲和力，流程简洁清晰，这能使顾客随时了解自己所处的服务状态。相反，复杂的服务流程容易使顾客产生厌烦感，极大削弱他们的评价预期。

2. 产品维护服务

随着我国越来越多服装品牌的涌现，服装同质化的现象日趋明显，行业竞争的激烈程度不言而喻。从"终身免费干洗"到"终身免费改衣"，为了保持高度稳定的顾客群，各大服装品牌开始在售后服务的管理和建设上加大投入。系统、全面、优质、高效的售后服务，不仅成为服装品牌竞争的新焦点，而且成为它们增强竞争力的有效手段之一。过多或过高的售后服务承诺，会使顾客产生更高的期望，其结果无疑增加了令顾客满意的难度和成本。因此，服装企业应该在合理评估自身实力的基础上，把握好售后服务承诺的可行性。同时，严格控制销售部门的胡乱承诺，及时对顾客进行跟踪、评估和反馈。

（1）产品保养服务。很多品牌会推出一些免费的日常保养服务，如冬装或真丝服装的熨烫服务，真皮鞋类、箱包免费清洗养护服务等。

（2）产品维修服务。很多服装品牌会推出部分产品可享受免费小部位的维修服务，如裤脚口改短、松线处缝合、纽扣加固、皮带剪短等服务。

3. 客户意见与投诉管理

顾客购买商品后，有可能因各种原因而投诉，服装品牌不能消极回避，而应积极面对，进行有效的服务补救，提升顾客满意度。对顾客而言，投诉是自己的期望没有得到满足的一种表述。对服装品牌而言，投诉是补救服务或产品欠缺带来的损失，是挽回不满意顾客的机会。

顾客投诉的目的，一是以经济补偿为目的；二是以精神满足为目的。很多情况下，存在着没有答案的两难选择，顾客是上帝、是朋友，顾客满意是我们生存的基础。面对投诉的顾客，在力所能及的情况下可以适当牺牲一点利益以满足顾客的要求。当然面对一些顾客无理的要求，如果不是产品质量出现问题，也要坚持原则，一味地让步也会损伤品牌、店铺的形象。

4. VIP客户服务

近些年来，服装企业新型的售后服务理念悄然流行。它不仅区别于传统的防守型的售后服务，而且上升到了关系营销的范畴，即售后服务是服装品牌与顾客建立长期稳定关系的起点。因此，针对一些复购的VIP客户的服务应运而生。

品牌店铺需要有主动服务意识，不能坐等顾客上门，而应主动出击，通过良好的售后服务来保障服装企业提升效益。服装品牌专卖店的工作人员要经常与VIP顾客进行沟通，掌握他们的爱好、性格、服装尺码等，一旦有新款到柜，能在第一时间寻找到顾客最适合的款式，并向其推荐，这就是主动服务理念的具体表现。

组建VIP客户社群是当下服装品牌培养忠诚顾客方式之一。顾客在购买一定数量或金额的服装后，就能成为VIP客户社群成员。通过VIP客户社群的各种活动，品牌可以对顾客进行紧密服务，获取市场的需求信息。同时，借助服饰搭配指导、服装论坛、健康服务和休闲娱乐活动等售后增值服务，加强与顾客的情感沟通。

二、制订目标计划并跟进目标达成

（一）店铺销售任务分解

店铺要进行每周目标任务分解，店长每日跟进达成情况，及时总结分析，制订相应的方案，确保销售任务的完成表1-8、表1-9。

表 1-8 店铺销售任务分解表 单位：元

本周销售目标	员工	星期一			星期二			……	星期日		
		早班	中班	晚班	早班	中班	晚班	……	早班	中班	晚班
100000	员工一	1000				2500		……	2000		
	员工二		2000			2500		……		3000	
	员工三		2000		1000			……		6000	6000
	员工四			3000			3500	……			

注：本表格为不完整举例说明。

表 1-9 单店各品类周销售数据表分析举例

上下身	大类	本店										
		销售SKU	销售数量	销售金额	平均价	销售金额占比（%）	库存SKU	库存数量	库存金额	库存金额占比（%）	可销周数	SKU动销（%）
上身	T恤	5	6	1612	269	6	23	87	29403	8	17.3	22
	衬衫	2	2	688	344	2	11	40	30508	8	42.1	18
	毛织	10	20	12734	637	45	41	145	101531	27	7.6	24
	外套	—	—	—	—	—	6	17	22130	6	—	—
	大衣	—	—	—	—	—	—	—	—	—	—	—
	中楼	—	—	—	—	—	—	—	—	—	—	—
	呢料/羊绒	—	—	—	—	—	—	—	—	—	—	—
	皮衣	—	—	—	—	—	—	—	—	—	—	—
上身汇总		17	28	15034	537	53	81	289	183572	49	11.6	21
连身裙	连衣裙	3	5	4732	946	17	15	60	65815	18	13.2	20
连身裙汇总		3	5	4732	946	17	15	60	65815	18	13.2	20
下身	半身裙	4	7	4849	693	17	16	69	48091	13	9.4	25
	裤子	5	6	3287	548	12	29	102	68769	18	19.9	17
下身汇总		9	13	8136	626	29	45	171	116860	31	13.6	20
服装汇总		29	46	27902	607	99	141	520	366247	98	12.5	21
饰品汇总		—	1	299	299	1	—	8	5592	2	17.8	21
总计		29	47	28201	600	100	141	528	371839	100	12.5	21

例如，通过表1-9可看出衬衫与裤子的品类落差比较大且衬衫的均价较低，下一步应该

重点跟进高单价衬衫的销售。

（二）连带销售

连带销售又叫附加销售，是向顾客推荐其原本没有购买计划的商品，是销售中提升销售量的方式之一。连带销售是深度挖掘顾客的潜在需求后，进行有针对性的推荐适合顾客的商品。这样的连带销售不仅能够提升导购的综合素质和销售业绩，还能为顾客提供更满意的搭配。

1. 连带销售的基础要求

（1）商品系列组合。合理的成套、成系列组合商品最容易创造连带销售。例如，除同一品牌衬衫+裙的组合外，还可以与裤、外套、配饰、包包等搭配组合。所以店铺内商品的类别比例是否合理、商品结构是否恰当、商品之间组合成系列的关联感强不强，这些因素都直接影响商品的连带销售。

（2）突出重点的商品陈列。在店铺的商品陈列中，重点陈列能够将重点销售商品以最短的时间传达给顾客。在店铺陈列中，重点销售商品会正面悬挂展示，或者穿在橱窗人形模特身上，再加以灯光、氛围、服装系列品组合，顾客很容易被这样的服装吸引然后进店试穿，因此，重点陈列商品一般为当季主推款或者是库存量较大的当季款。而一般货品会被叠放或者侧挂，除了烘托重点商品以外，也给顾客提供更多的选择（图1-37）。

图1-37　某品牌女装店内陈列

（3）时尚敏锐度高的专业导购。一个优秀的专业导购会提高货品的连带成交率。导购不仅需要对店内的商品知识足够熟悉、了解，还需要多试、多穿、多搭配来提升自己对时尚的敏锐度，从而给顾客提供有价值的专业意见，在顾客认同导购的专业意见之后，连带销售就会变得容易。

2.连带销售的时机和切入点

连带销售的方法很重要，但时机和切入点更重要，抓住合适的时机，往往能事半功倍。

（1）上午的销售时机和切入点。在销售时间中，上午是一天成交中最困难的时间段，因为店铺一般刚开门营业，店铺内的销售氛围还没有热起来，顾客很难在一入店就产生消费。但这一时间段能来逛街的一般是不用上班或者轮休的人，他们对商品的需求不是打发时间就是非常迫切。因此，导购抓住这个机会，用自己的热情、贴心的专业服务就能很顺利地完成一天销售的第一单。

（2）中午的销售时机和切入点。很多上班族会利用中午午休时间去逛街，可能是需要一件晚上可以出席晚宴的礼服，也可能是衣橱内缺少一件什么类型的服装，因此他们的消费需求非常迫切。此时，店员只需了解顾客需求，对症推销，即可完成销售任务。

（3）下午的销售时机和切入点。这个时间段较上午而言要更容易成单许多。它不同于上午较为冷淡的销售氛围，店铺内其他顾客的购买，会影响正在选购商品的顾客，此时导购加以运用FABE销售法则，很容易成交。

（4）晚上和周末的销售时机和切入点。在一周的销售时间中，这两个时间是最优的销售时间段，人流量大，且成交量高。此时，店员只需了解顾客需求，多推荐，并提及库存量的消耗速度，即可完成销售任务。

（5）临近关店的销售时机和切入点。一般这个时间仍在店内的顾客，可能是一晚上还没有选到自己心仪的商品，或者是刚下班，急匆匆来店内选择自己需要的商品，成交率也非常高。店员只需按照销售行为规范推荐和进行适当的商品搭配，即可完成连带销售。

3.连带销售的方法

（1）成套搭配法。成套搭配能减少顾客在日常穿衣中的搭配烦恼，并且通常同品牌的服装设计风格、面料、款式造型等相互呼应，成套搭配更容易体现品牌设计师的设计理念和品位，更易体现整体风格。

（2）优惠促销法。此处的优惠不是单纯的三折、五折，而是消费满多少金额后可享受的福利。这种方法会吸引一部分为了优厚的福利而连带消费的顾客。例如，某品牌在三八妇女节时推出"消费满1000元，即可享受一件免单"的福利，这个福利非常有诱惑力，作为中低档年轻女性品牌，单件服装的标价一般在200~400元，满1000元就需要购买3件左右服装，这个活动的力度等同于打7折，但远比直接打折好很多，不仅提高连带销售营业额，还保护了品牌在老顾客心目中的形象。

（3）同行人员推广法。此法可结合以上两种方法同时进行。如顾客与朋友同行，在顾客购买商品时，导购可以推荐顾客的朋友一并购买，此时购买的概率非常高。

三、日常团队培训知识与商品介绍策略

（一）商品介绍策略

1.商品介绍方法

导购在介绍商品时，比较常用以下四种方法，能快速让消费者了解产品的特点，从而促成消费。

（1）体验法。这是最快捷能建立消费者与消费品之间联系的方法，消费者通过触摸感受商品带来的真实体验和穿着服装的立体呈现，不仅可以增强顾客对商品的好感，而且可以发现商品的优点，从而产生购买的欲望。

（2）实例法。利用一些实例来增强商品的感染力和说服力，其中第三方的感受最具说服力。例如，导购在向顾客B介绍商品时，由已购买过本商品的顾客A现身展示商品特点，顾客B很容易在顾客A的影响下购买商品。

（3）利益法。掌握顾客的购买理由，从商品未来可能带来的利益角度耐心讲解。例如，顾客很喜欢一条连衣裙，但价格略超出预算，导购可从品牌效应、穿着体验、顾客心理等多方面进行疏导，成交率会比较高。

（4）对比法。货比三家，通过同类同档次商品进行对比分析，从而突出店铺内商品的优势，促成顾客消费。

2. FABE销售法则

"F"为特性（Features），"A"为优势（Advantage），"B"为利益（Benefits）；"E"为证据（ Evidence）。FABE法则是根据商品自身的性能特点，在找出顾客最感兴趣的各种特征后，进一步分析这些特征所产生的优点，同时找出这些优点能够带给顾客的利益，最后拿出证据，进一步佐证它，证实该商品确实能给顾客带来这些利益（图1-38）。

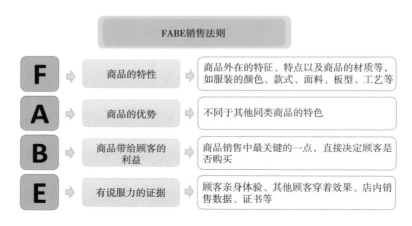

图1-38　FABE销售法则具体内容

（二）销售服务沟通交流技巧

销售中的沟通技巧可以让销售人员更多、更好地了解客户的消费心理，也就可以更好地去设计销售策略，顺利地达成销售目标。但是销售中的沟通除正常的人与人情感的沟通外，还加入了营销的目的，所以，销售中的沟通技巧越来越受到销售人员的重视。

1. 我们要做什么样的导购

导购时要满怀激情，感染顾客，让顾客充分体验购物的快乐和轻松，用心服务，走到顾客心里去。有微笑的导购，才是有效导购；有激情的导购，才是有效导购；有体验的导购，才是有效导购；有连带的导购，才是有效导购。

2. 导购要做到哪"两顺"

导购要顺着产品功能特性进行推荐，顺着顾客的选购倾向进行推荐。例如，进门注意观察顾客的着装，顾客的目光着陆点在裙子，可以优先推荐裙子，顾客的目光着陆点在亮色商品，可以优先推荐亮色的商品。

3. 导购服务要比哪"三多、三好"

导购比三多：出彩搭配多、成套试穿多、连带件数多。

服务比三好：笑得好、抓得好、说得好。

4. 季初、季中、季末如何做连带销售

季初整套推，季中、季末配套推。季初抓住换装有利时机，实行整体连带推销，整套连带推销。季中、季末实行配套连带推销，对顾客上下装或者内外装进行配套推销。

5. 如何运用互补和替补产品进行连带销售

门店把提高连带销售率作为提升销售的重要手段，要作为重点来抓，把货品进行组合出样，连带销售，一单多件。把替补性产品向顾客进行组合推荐（推荐颜色相近、款式相近的产品）。把互补性产品向顾客进行组合推荐（推荐颜色反差大或款式不同的产品）。

6. 导购应如何推荐顾客成套试穿

让顾客试穿是成功的一半，鼓励顾客成套试穿。拿给顾客穿一件，员工手里备一件（相近规格、相似板型、相关功能），随时可拿进试衣间供顾客试穿。

7. 连带如何拓展

连带拓展产品：找寻替补品、互补品。

连带拓展人群：顾客的同行人员、亲人，团体等。

8. 店长如何减少跑单、缩单现象

店长应进行现场导购分工，反对垄断，避免出现"蛇吞象"和一人同时接多单现象，做好深度连锁销售。

（1）生意冷淡时要优先安排能干的营业员做销售，确保不跑单。

（2）不能均衡安排，大单要优先安排能力强的营业员接待，确保不缩单。

（3）客流大时店长要统筹安排。

（4）店长应随时对营业员进行指导，及时调整导购策略并合理分工。

（5）店长、领班要把现场调控指挥好，要立即找到落单、跑单、缩单的原因，迅速采取扩大成交率和客单量的措施。

（6）销售高峰时店长、领班在现场要把控六点：货品摆放乱不乱，顾客有没有人接待，有无连带销售，服务迎送到不到位，收银是否扎成堆，找货、修改服装快不快。同时，观察跑单、缩单的原因，每天进行案例分析。

例如：门店没有合适尺码时，导购可以介绍类似的款式；根据服装板型，介绍相邻的尺码给顾客试穿；同城门店进行调货；观察顾客穿衣风格及所需要的尺码，主动推荐适合顾客款式和尺码的产品。

9. 遇到团购或大单，营业员该怎么办

员工应及时向店长或领班报告；店长派出能力最强员工进行服务；安排门店其他人员协同服务。

10. 顾客对产品特性不满意时怎么办

运用导购对比法，让顾客自我体验信服。

11. 如何运用幸运吉祥说辞进行导购

一说幸运色，二说幸运数。要了解数字1～10的含义："一帆风顺""好事成双""三阳开泰""四季平安""五福临门""六六大顺""七星高照""八方来财""九九同心""十全十美"。

12. 如何巧妙展示商品性价比优势

给顾客介绍衣服时，介绍服装面料、洗涤方式的同时，巧妙又清楚地展示商品的价格，既达到展示商品性价比优势的目的，又维护了顾客自尊。

工作领域二 卖场陈列设计

任务一　卖场陈列规划

【任务导入】

请根据卖场平面布置图了解卖场功能分区情况。

◆ 知识目标

1. 了解并掌握卖场功能分区的概念、构成及原则。
2. 掌握店铺平面规划图绘制的流程及步骤。
3. 掌握卖场通道概念及设计原则。

◆ 技能目标

1. 能够进行针对性功能区规划设计。
2. 能够识别卖场平面规划图并进行卖场通道设计。
3. 能够利用相关设计软件进行卖场陈列设计的方案表达。

◆ 素质目标

1. 具备良好的鉴赏美、发现美、创造美的能力。
2. 具备良好的货品组货搭配能力。
3. 具备良好的沟通协调能力。

【知识学习】

一、卖场功能区规划设计

（一）卖场功能分区构成

服装卖场作为销售终端，肩负着商品销售和品牌形象展示的使命，在商品优质、服务优良的基础上，科学合理的卖场分区能提高顾客的进店率，促进产品销售。按营销管理流程，卖场功能分区通常可分为导入区、营业区和服务区（表2-1）。

表2-1　卖场功能分区构成

类别	功能	构成
导入区	店铺形象展示窗口，传递商品特色和营销信息	店头、橱窗、出入口、POP看板、流水台等
营业区	顾客浏览、选择和购买服装商品的空间	各类货架和陈列道具
服务区	店铺销售活动的辅助空间，使消费者享受品牌超值服务，提升购物体验	试衣间、收银台、休息区、仓库等

1. 导入区

导入区位于店铺最前端，也指卖场的入口区域，其功能是将品牌及店铺的商品特色和营销信息传递给消费者，吸引顾客进店（图2-1）。导入区包括店头、橱窗、出入口、POP看板、流水台等。店头一般由品牌标识或图案组成，作用是引起消费者的注意，展示品牌形象，使消费者对店内货品产生兴趣和联想，进而吸引其进入卖场消费。

图2-1 导入区

橱窗是导入区的重要组成部分，通常在出入口附近，由模特、图片、商品或其他陈列道具组成，形象地表达卖场的销售信息和品牌设计理念。大多数服装卖场的出入口是合二为一的，方便管理，也有部分卖场会在左右两侧设置一进一出的单独门。POP看板通常由图片和文字构成，目的是告知卖场营销信息，刺激引导消费，POP广告也称售点广告，是卖场内能促进销售的广告。流水台也称陈列桌或陈列台，通常放在入口处或店铺中显眼位置，可以使顾客从四个方向观看到陈列的商品。流水台有单个的，也有由两三个高度大小不同的陈列台组合而成的，通常陈列能体现品牌风格特色、突显季节性的商品。

2. 营业区

营业区是顾客的选购区，是直接进行商品销售活动的区域，也是服装商品主要的陈列区域，是卖场的核心区域（图2-2）。营业区按陈列道具形式分类，可分为高架（柜）、壁柜、矮架（柜）、边架、吊架、陈列台、展示台、中岛架（柜）、饰品架（柜）等，各种货架道具的尺寸依据品牌风格不同而有所差异。

图2-2 营业区

高架（柜）又称边架（柜），通常沿墙摆放，高度在185~220cm，一般由框架构成的称为"架"，两侧封闭的称为"橱"或"柜"。由于高架（柜）展示空间大，能对服装商品进行正挂、侧挂、叠装陈列，并结合配饰进行多种形式的陈列，能比较完整地展示成套服装的效果。吊挂式货架是借助铁丝、金属等材料固定吊架，通过挂杆展示商品，在休闲类服装商品陈列中运用得比较多，因为其灵活的组合方式，可以充分利用空间，增加商品展示的角度，使卖场空间不会太空洞或拥挤。

矮架（柜）指卖场中高度相对较矮的货架，通常放置在卖场的中部，也称为中岛架，高度不会遮挡人的视线，通常在150cm以下。由于功能、风格和构造形式不同，又可分为T形架、十字矮架、风车架、龙门架、裤架等。饰品架（柜）可以将卖场中的饰品和服装配套陈列，有开架式和封闭式两种形式。体积大的饰品可以用开架式陈列方式，通过包架、鞋架、帽架、丝巾架等来陈列；体积小的饰品或贵重的饰品，如眼镜、首饰、丝巾、领带、皮夹等，可以陈列在封闭式的玻璃饰品柜中。

场景道具的选择为了突出系列主题，增强卖场陈列展示的氛围，通常会根据品牌形象和陈列的需要进行选择搭配。常用的场景道具有配饰品、工艺品、花卉植物等。

3. 服务区

服务区是销售活动的辅助空间，其功能是为顾客提供超值的服务，提升顾客的消费体验（图2-3）。服务区主要包括试衣间、收银台、休息区、仓库等部分。

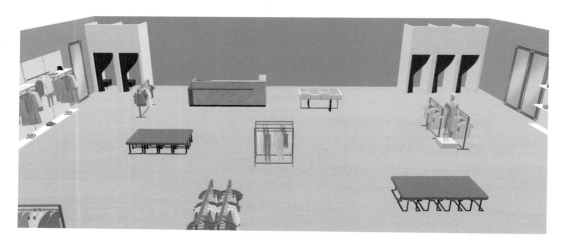

图2-3　服务区

试衣间是供顾客试衣、更衣的区域，通常设置在销售区的深处或卖场的拐角，可充分利用卖场空间，同时有导向性地使顾客穿过整个卖场，经过一些货架，增加二次消费的可能性。收银台是顾客付款结算的地方，通常也是店长和领班在卖场中的工作位置，由沙发、桌台、书报架及辅助物品（书报、餐点等）组成。仓库是卖场不可或缺的组成部分，货品销售是动态的，店铺合理的库存量是销售的有力保障。

（二）卖场规划设计

卖场功能分区规划要从顾客消费行为出发，结合商品的品牌特性，打造方便舒适的购物空间，满足顾客的消费需求，提高店铺经营效益，提升品牌的传播力度。

1. 卖场规划设计原则

（1）顾客需求原则。卖场是为顾客服务的，卖场功能分区要以顾客为中心满足顾客的购物需求为原则，方便顾客到达各个区域，同时充分考虑顾客的购物习惯，使顾客能方便自如地选购。

（2）促进销售原则。通过有意识的商品陈列组合，制造视觉秩序，吸引顾客进店，有效展示商品，以良好的消费体验增加试穿率，促进连带销售，提高销售额。

（3）便于管理原则。卖场导入区、营业区、服务区要相互呼应，环环相扣，形成有机的联系。合理的分区和动线设置使客流均匀，避免店员忙闲不均，方便店长对整个卖场的销售服务进行调度和管理。

2. 卖场功能区规划设计

（1）导入区规划设计。导入区是消费者最先接触到卖场的区域，也是卖场呈现给消费者的第一印象的空间。出入口应根据营业时段的人流量、人流走向，设置在路径顺畅、容易进出的地方。入口处可根据商品情况采取岛式陈列，方便顾客从各个角度浏览陈列的商品。出入区的商品应及时更新，提升顾客店铺停留率和对卖场形象的认知度。在设置有橱窗的店铺，流水台的商品陈列要与橱窗商品相呼应，起到传递商品销售信息的作用；若没有设置单独的橱窗，流水台还应承担部分橱窗的功能。

（2）营业区规划设计。营业区规划得是否合理将直接影响商品的销售，可围绕以下五个方面进行规划设计。

①整洁干净。店铺是品牌的形象展示空间，店铺整洁干净，为消费者提供一尘不染的购物环境是最基本的要求。除了店面的整洁干净外，货品的整洁干净也非常重要，货品由于经常与顾客接触、试穿以及被外界环境所污染，很可能会影响销售，因此，货品的清洁是店铺运作中必不可少的一个环节。

②易见易取。所谓易见，就是使商品陈列容易让顾客看见，一般以水平视线下方20°为中心的上10°下20°范围，为容易看见的部分。所谓易取，就是使商品陈列容易让顾客触摸、拿取和挑选，手最容易拿到的高度，男性为70~160cm，女性为60~150cm，有人称这个高度为黄金位置，一般用于陈列主力商品或公司有意推广的商品。

③货品饱满。货品饱满就是要做到货品的饱满度，可以给顾客一个货品丰富、品种齐全的直观印象，同时也可以提升货架的销售和储存功能。在满足饱满度的情况下，越是高端的品牌，货品陈列密度越低，越是大众化的品牌，货品陈列密度越高。

④商品关联。商品关联原则就是进行卖场陈列设计时，要考虑商品的组合与搭配，尤其在侧挂陈列中，需要考虑产品的成套搭配，形成连带式销售，同时也方便导购推介。陈列道具可根据品牌风格和商品特性采取流水台加中岛架、人形模特加中岛架等方式组合，进行系列化、整体化的商品陈列，全面地展示商品，增加连带销售。

⑤配合营销。配合营销原则是进行卖场陈列设计时，要考虑店铺的营销活动，或者说是营销需求。新品要陈列在店铺最显眼的位置，需要通过人形模特出样或者正挂出样进行重点陈列，让消费者能第一时间看到它。同时，针对畅滞销款也需要在陈列设计时加以考虑。

（3）服务区规划设计。服务区是培育品牌忠诚度的重要空间，服务区要从细节体现出对顾客的关怀，与顾客建立情感联系，提升顾客的消费体验。服务区要围绕以下三个方面进行规划设计。

①连带销售。试衣间设置在卖场的深处，可以充分利用卖场空间，防止造成卖场通道堵塞，同时保证货品安全。主要可以有导向性地使顾客穿过整个卖场，使顾客在去试衣间的路线中，经过一些货柜，增加顾客二次消费的可能。

②就近原则。服务区的仓库结合每日卖场的产品分布状态以及面积是否充裕，通常设置在试衣间或收银台附近区域，方便店员查询和取货，及时为顾客提供服务。

③滞留时间。休息区从以人为本的角度出发体现卖场对顾客的关怀，满足消费者的切实需求。首先休息区的面积大小应根据服装品牌的市场定位而设定。其次，休息区的位置不能离出入口过近，应该使消费者或其陪伴者入座后能够浏览卖场内的商品，以便顾客再次选择或者陪购者产生购买意愿。最后，休息区应该和试衣间距离接近，以便顾客等待试衣和听取陪伴者的意见。

二、卖场空间规划图绘制

（一）卖场空间规划设计的原则

1. 便于商品快速销售，实现商业价值

陈列的最终目的是促进销售。卖场平面设计与规划是一种商业行为，必须始终站在商品销售的角度考虑，以企业营运数据为基础，在现有卖场建筑结构条件下进行科学的设计与规划，实现商业性与艺术性相结合。

2. 便于顾客接触商品，认同并接受商品

卖场实现商品销售，前提是顾客能够接触、感知商品，从而产生对商品的认同感并接受商品。卖场平面设计与规划是在合适的空间展示合适的商品，以便为目标顾客传达有效商品信息的一种商业设计活动。

3. 便于陈列展示商品，提升商品的价值

卖场是展示商品的空间载体，卖场规划直接影响陈列效果。卖场规划要从顾客视觉角度出发，突出商品的陈列，提升商品的价值。

（二）卖场空间陈列规划图绘制

卖场空间陈列规划图绘制主要包括店铺出入口、流水台、货架、中岛、收银台、试衣间、仓库、休息区等功能区域的布局设计，包含了客流动线、通道设计、磁石点设计、人体工程学设计等因素。卖场空间陈列规划图绘制是陈列师进行店铺陈列时必备的技能之一，陈列师可以通过店铺空间陈列规划图进行商品品类分区、店铺客流陈列分区、货架销售陈列分区等方面的工作。

服装陈列师可以使用AutoCAD、CorelDRAW、Illustrator、服装陈列设计虚拟仿真系统等软件进行卖场空间陈列规划图绘制。下面以服装陈列设计虚拟仿真实训软件讲解卖场空间陈列规划图绘制的主要步骤。

（1）打开服装陈列设计虚拟仿真实训软件，新建一个CDD文件（图2-4）。

图2-4　新建CDD文件

（2）店铺地面绘制。选择素材库中的建筑—地面—方形地面，在视图中新建地面（图2-5、图2-6）。

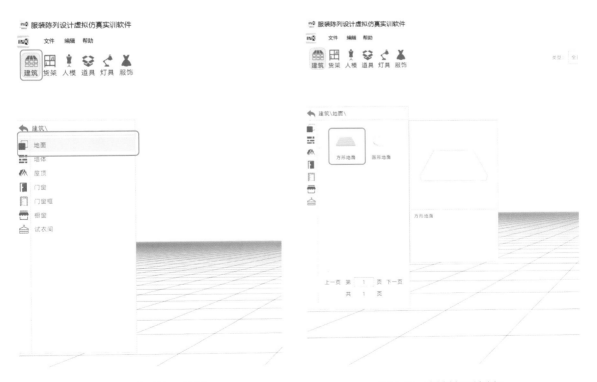

图2-5　店铺地面绘制1　　　　　　　　　图2-6　店铺地面绘制2

（3）店铺地面参数设置（图2-7）。

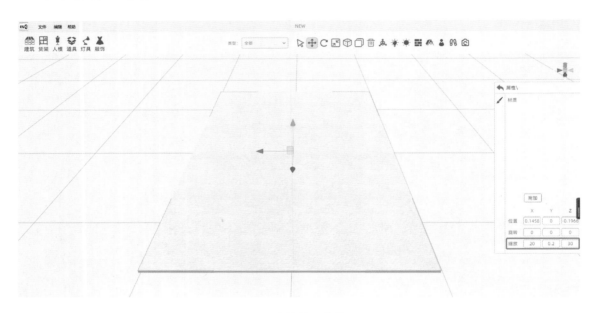

图2-7　店铺地面参数设置

（4）店铺地面材质设置（图2-8）。

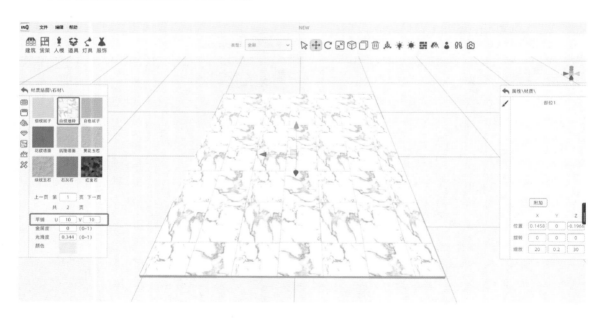

图2-8　店铺地面材质设置

（5）店铺墙体绘制。选择墙体工具，使用V键，顶点吸附，围绕地面绘制墙体（图2-9）。

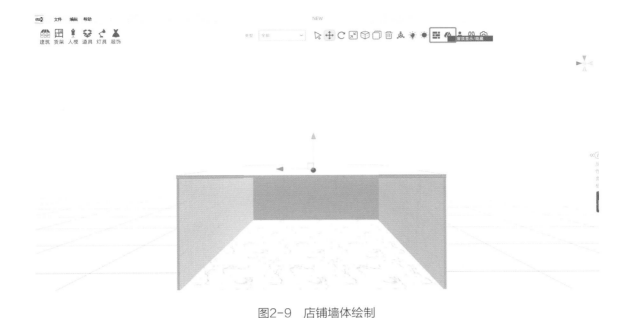

图2-9 店铺墙体绘制

（6）从素材库中调用店铺货架、流水台、橱窗等素材（图2-10~图2-13）。

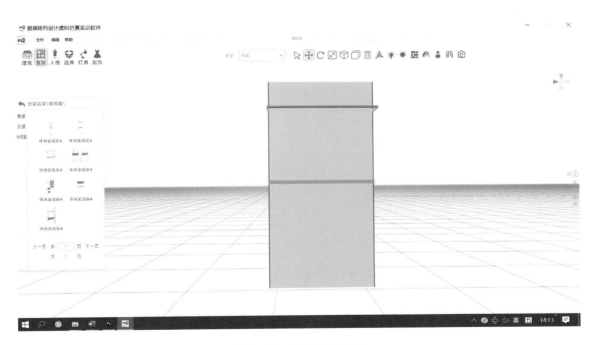

图2-10 店铺素材调用1

图2-11 店铺素材调用2

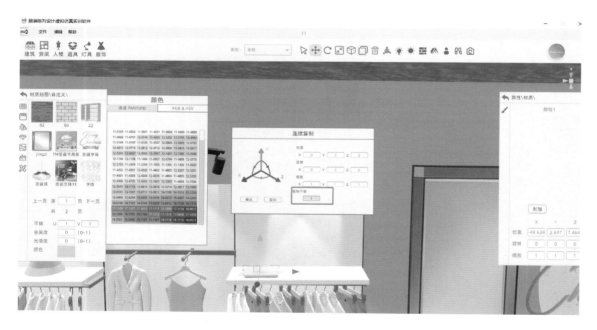

图2-12 店铺素材调用3

图2-13 店铺素材调用4

（7）陈列面效果呈现（图2-14）。

图2-14 陈列面效果呈现

（8）陈列道具绘制。模特、地台、饰品柜等道具可从素材库下的道具中选择，在物体变形中设置物品的大小、厚度（图2-15、图2-16）。

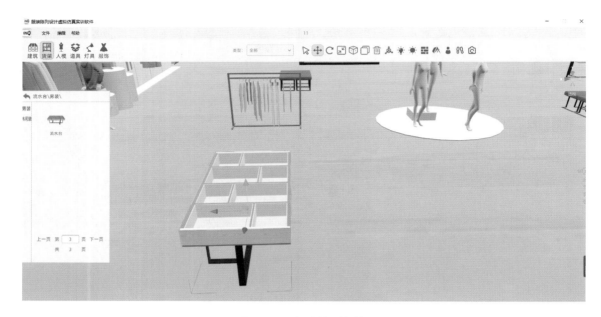

图2-15　陈列道具绘制1

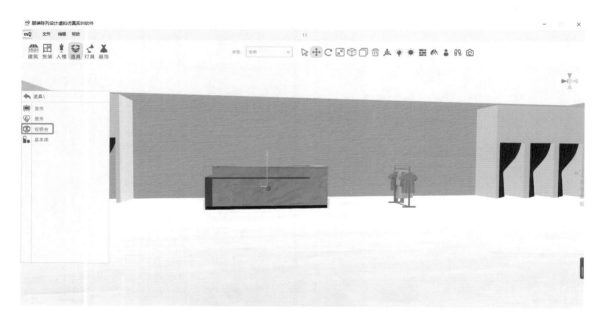

图2-16　陈列道具绘制2

（9）店铺空间陈列规划最终效果图（图2-17）。

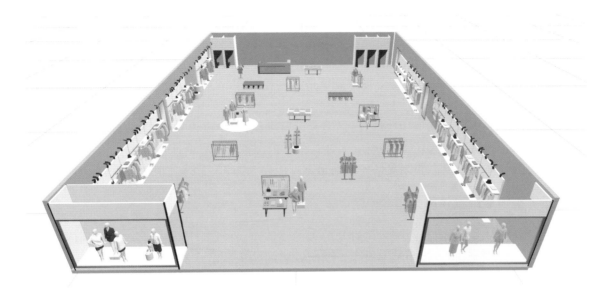

图2-17　店铺空间陈列规划最终效果图

三、卖场通道规划设计

（一）卖场通道的概念

通道是顾客和销售人员在卖场中通行的空间。卖场主副通道的设置和品牌定位有直接的关系，品牌定位越高，卖场主副通道的宽度越宽，有的卖场甚至没有副通道。卖场规划设置有副通道时，主副通道要主次明确、有层次感、错落有致。主通道是贯穿全场的最宽敞通道，是引导顾客进入的主线，副通道是顾客在卖场中移动的支流，副通道上通常陈列连带商品和辅助商品。

（二）卖场通道宽度设置

卖场通道的宽度是以人流的股数为依据的，没有固定尺寸，但却有通用宽幅。通常其宽度必须足以让顾客擦肩而过不致碰撞，以成人肩宽平均0.4m为基准计算，卖场主通道的宽度一般在1.5m以上，副通道宽度在1~1.2m，最窄的通道通常不能小于0.9m。同时，应将卖场规模大小、人流多少、陈列柜宽窄高低、业态差异等也作为计量依据。

1. 主通道宽度

主通道的设计原则是：该路线是80%的顾客进入店内选择的路线，路线必须延伸到店内最深处，以便顾客看到处于卖场边角的商品，主通道必须是店内最宽敞的路径。不同规模卖场主通道宽度设计如下。

（1）面积为45~150m²的小型卖场，主通道宽度以0.9~1.2m为宜。

（2）面积为150~300m²中型卖场，如社区超市等，主通道宽度设计为1.2~1.8m较为适宜。

（3）面积为600m²以上的大型卖场，如百货商场、大卖场等，主通道宽度设计为1.8~2.7才能满足客流量的需要。

2. 副通道宽度

卖场副通道设计需考虑尽可能延长客流线，增加顾客在店内的逗留时间，保证顾客能够走到店内的最深处，保证顾客能看到每一种商品。不同规模卖场副通道宽度设计如下。

（1）面积为45~150m²的小型卖场，副通道宽度设计在0.8~0.9m为宜，也可根据需要加宽至1~1.2m。

（2）面积为150~300m²的中型卖场，副通道宽度设计应在0.9~1.2m为宜，最窄不可低于0.9m，部分人流量较大的卖场副通道应配合主路线扩大考虑加宽至1.3~1.5m。

（3）面积为600m²以上的大卖场，副通道宽度应设计为1.5~1.8m才能满足需要。

（三）卖场通道设计原则

卖场的通道应根据商品的配置位置与陈列的整体布局设定，引导顾客顺畅地到达卖场的每个区域，增加商品对顾客的展示概率，引起顾客的购买欲望，使其产生购买动机。同时有效利用卖场空间，为顾客营造较为舒适的购物环境，保障顾客的疏通和安全。卖场通道设计应遵循以下原则。

1. 方便顾客进入店内

店铺的通道设计就像城市的道路规划一样，需要从道路的数量、分布、宽窄、主辅道路的配置以及是否方便车辆通过等方面进行规划设计。在卖场入口处以及店内通道的设计中，都要充分考虑顾客是否容易进入和方便通过。店铺卖场内部的通道也要留出合理的宽度，方便顾客到达每一个角落，避免产生卖场死角。

2. 延长顾客店内停留时间

延长顾客在店内的停留时间，主要有两种方法：一是通过中岛货架的布局调整，创造适合顾客停留的通道设计；二是通过导购员的有效站位，也可以适当引导顾客店内停留时间。

3. 方便顾客店内行走

方便顾客店内行走，主要是从尊重消费者的角度考虑的。店铺要为消费者提供一种舒适的购物体验环境，尤其是一些面积较小的店铺，应尽量避免卖场通道过于复杂。主通道必须是店内最宽敞的通道，有80%进入店内的顾客都会走这条路，必须延伸到店内最深处，以便顾客看到处于卖场边角的商品，通路必须笔直，地面没有任何凹凸和障碍物。除主通道外，次通道和辅助通道的设置也极其关键，在卖场次通道设计中，要尽可能延长客流线，增加顾客在店内的逗留时间，保证顾客能够走到店内的最深处，并能看到每一种商品。

4. 创造明亮清洁的购物环境

我们常说店铺是品牌的脸面，一个店铺整洁干净，为消费者提供一尘不染的购物环境是最基本的要求。除了店面的整洁干净外，货品的整洁干净也非常重要，同时配以合适、明亮的灯光照明设计，以提升消费者的购物体验。

5. 方便销售活动开展

开展销售活动，是店铺的根本宗旨。保持主通道的宽敞，方便顾客进入和挑选，要在试衣间附近增加坐凳，给同行人员提供休息场地。另外，商品的关联性、中岛货架与立柜的有效组合等也是卖场通道设计时需要注意的一些原则和方法。

四、卖场商品规划

（一）商品配置规划方式

卖场中常见的商品分类方法有色彩分类、性别分类、品种分类、价格分类、风格分类、尺码分类、系列分类、原料分类等。

1. 色彩分类

人们对色彩的辨别度最高，比形状的辨别度高。和谐的色彩最能打动顾客，引起顾客购买欲望，因此色彩分类法是女装品牌服装卖场分类的首选。

2. 性别分类

根据顾客的性别分类，适合目标顾客群较广的品牌。如休闲装、童装都是按男女分区，这样既可方便顾客挑选，同时还可以快速地把卖场的顾客分流到两个区域。

3. 品种分类

这种分类的方式源于大批量销售，就是把相同形式的商品归属一类。如把卖场分成西装区、衬衫区、T恤区等。

4. 价格分类

将卖场的货品按价格进行分类，由于每个品牌都有其一定的价格区间，价格分类一般在常规的卖场中很少使用。但在清货打折时，由于顾客对价格的敏感度增加，所以采用价格分类的方法会达到较好的效果。

5. 风格分类

这种分类主要适用风格和系列较多的品牌。如可以按照不同场合的不同穿着风格分类，一般可分为生活、跑步、篮球等类别，这样便于顾客选购，也可为顾客寻找适合某个场合的服装节省时间和精力。

6. 尺码分类

按尺码规格进行排列，如大、中、小号或按人体尺寸排列，可以使消费者一目了然，随手选出自己需要的尺码。由于店铺中一般都具备齐全的尺码，因此尺码不会成为顾客首先关注的问题，通常情况下，尺码分类常作为其他分类方式的补充。

7. 系列分类

系列分类就是按照设计师设计的系列分类。按系列陈列可以加大产品的关联性，容易进行连带性的销售，适合一些时尚女装品牌。

8. 原料分类

按服装面料分类，如毛衣专柜、牛仔专柜等。这种分类方式一般需要卖场商品中，采用这种面料的商品达到一定数量，能独立陈列为一个系列，同时其面料风格或价格和其他产品相差比较大，有特殊的卖点。

（二）商品配置规划因素

对卖场的货品进行有计划的配置，是使卖场在符合顾客消费习惯和商品属性的前提下，有目的地对卖场陈列进行组织性的视觉营销活动，它必须考虑以下三个因素。

1. 秩序

秩序即将卖场的商品按一定规律排列和分布。目前各个服装品牌为了更细化地为顾客服务，服装品种开发得越来越多，卖场中的服装如果不进行分类，就会一片混乱，不仅令顾客觉得烦乱，很难找到自己需要的东西，而且对卖场的管理也造成了很大的困难，更谈不上进行有计划的营销活动。

有秩序的卖场可以使顾客轻松地找到他们需要的物品，使卖场的管理便捷化。做好商品有秩序分类工作是弄好卖场陈列的最基本保证。秩序着重考虑顾客购物中的理性思维特点，适合顾客需要进一步了解商品的种类、规格、价格等，事先有购物计划或比较理性的顾客，设计感不强、比较注重功能性的商品，如内衣，羽绒服等。

秩序性的分类方法风格偏理性，其分类形式和销售报表的分类比较接近，统计和管理都比较便捷。这种分类方法便于顾客集中挑选和比较，现场管理比较简洁。如先按商品的大类划分，然后在每一大类中，再按商品的规格、面料、价格等不同分类方法进行二次划分。这种分类方式适合服装设计感较弱的基础型或功能性服装，如内衣，打折物品等，也符合大多数顾客的购物心理，特别是理性认识占主导的顾客。但对感性认识占主导的顾客来说，当他们站在许多同类商品前时，反而觉得无从着手。

2. 美感

美感即按美的规律进行有组织的视觉营销，使服装从视觉上最大限度地展示其美感。服装是时尚的产物，和一般的消费品不同，人们对其在美感上的要求比很多商品都要高。美是最能打动人的，顾客对一件服装做出购买决定时，服装是否有美感在整个购买决定中占很大部分的作用，同样卖场整体和陈列是否有美感，都会影响顾客进入、停留和做出购物决定。因此卖场的商品配置要充分考虑是否能尽情展示卖场和商品的美感，把美感作为商品配置时首要考虑的内容，通常可以获得非常好的销售效果。

美感的配置着重考虑顾客购物的感性思维特点，激发顾客购物情绪，引发顾客消费意愿。可以通过对色彩系列和款式的合理安排达到美感配置，也可以通过平衡、重复、呼应等搭配手法使卖场呈现节奏感。其特点是容易进行组合陈列，创造卖场氛围，迅速打动顾客，并引起连带销售。适合一些女装、西装以及设计感较强、配套性较强的服装品牌，也可以在一些品牌的卖场中做局部的陈列。

3. 促销

卖场中的商品配置规划，还必须充分考虑和商品促销计划相结合。每个成熟的服装品牌在其初期的设计和规划阶段，一般都会对商品进行销售上的分类。如通常服装品牌都会将每季的商品分为形象款、主推款、辅助款等类别，同时在实际的销售中还会出现一些真正名列前茅的畅销款。因此，陈列商品配置的工作就是要合理地安排这些货品，还可以通过有意识的商品组合，如进行系列性的组合，开展连带性的销售，使整个陈列的工作和服装营销有机地结合在一起，真正地达到为销售服务的目的。

（三）商品规划布局

结合店铺布局对产品进行有效分类。以店铺为例，首先将店铺分区，确定店铺哪个位置陈列什么类型的产品。A区是最显眼、客流量最集中的位置，在规划时应考虑把品牌当季主推的形象款陈列在此位置上。B区是靠中间的位置，一定是客人进店后重点关注的区域，可以考虑陈列当季主推的基本款。C区是店铺最靠里的位置，也是顾客不太在意的区域，考虑陈列一些断色、断码的产品。

五、卖场灯光

（一）卖场灯光照明的原则

1. 舒适原则

卖场灯光运用最基本的原则是要使顾客在卖场中有舒适感，要选择理想的光源和合适的照射角度，避免强光直射顾客。

2. 吸引原则

橱窗灯光的亮度，要超过隔壁间的亮度，使橱窗更加有吸引力和视觉冲击力，用灯光的强弱和照射角度的变化，使展示的服装更加有立体感和质感。卖场深处面对入口处的陈列面要光线明亮，这样才能吸引顾客进店。

3. 主次分明原则

根据各区域在卖场中的作用，卖场各区域灯光的主次一般按以下顺序排列：橱窗，店内模特组合展示区，墙面、展台，地面货架。

（二）灯具及卖场照明分类

1. 常用陈列照明灯具分类

射灯和筒灯是最常用的两种陈列照明灯具（图2-18）。两种陈列灯具的功能特点及作用见表2-2所述。

（a）射灯　　　　　　　　　　（b）筒灯

图2-18　射灯与筒灯

表2-2　常用陈列照明灯具的分类

类别	功能特点	作用
射灯	射灯通常配有灯罩，特点是光束集中、指向性强，并且可以调节投射的角度，有一定的灵活性	重点照明
筒灯	一般安装在天花板内，特点是光源隐蔽，不占据空间，光线均匀、柔和、兼顾装饰性和基础照明功能	基础照明

2. 按照射方式分类（表2-3、图2-19）

表2-3　照射方式分类表

类别	实施方式	特点
直接照明	将光线直接投射到物体上，充分利用光透亮的照明形式	亮度大、对比强烈、适用于墙面等重点照明区域
间接照明	先将光线投射到天花板或墙面上，然后再反射到陈列面上	光线柔和、没有眩光、没有较强的阴影
漫射照明	用半透明灯罩罩住光源，能使光线均匀地向四周漫射	光线均匀柔和、照度小，没有眩光

  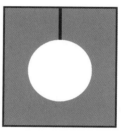

（a）直接照明　　　　（b）间接照明　　　　（c）漫射照明

图2-19　卖场中不同照射方式示意图

3. 按照射功能分类（表2-4）

表2-4　照射功能分类表

类别	灯光强度	作用
基础照明	灯光要保证基本照明	对卖场空间全面的照明
重点照明	灯光要最亮	主要对橱窗、墙面等重点区域的照明
装饰照明	灯光要亮	主要功能是营造卖场氛围，通常用于展台等局部照明区域

4. 卖场照明的具体方法（表2-5）

表2-5　卖场照明具体方法

类别	实施方法	作用
正面光	光线来自服装的正前方	能完整地展示整件服装的色彩和细节，一般用于卖场中墙面的照明
斜侧光	灯光和被照射物呈45°的光位，灯光通常从左前侧或右前侧斜向的方位对被照射物进行照射	是橱窗陈列中最常见的光位，斜侧光照射使模特和服装层次分明、立体感强
侧光	又称90°侧光，灯光从被照射物的侧面进行照射	被照射物明暗对比烈，一般不单独使用，只作为辅助用光

类别	实施方法	作用
顶光	光线来自人形模特的顶部，试衣区、顾客的头顶一定要避免采用顶光	会使人形模特脸部和上下装产生浓重的阴影，一般要避免

任务二 卖场陈列组合设计

【任务导入】

根据服装品牌店铺进行陈列出样调整，需要对陈列柜（架）进行组合形态出样实践操作，请根据品牌和店铺要求完成卖场陈列组合形态设计。

◆ 知识目标

1. 了解并掌握卖场陈列设计的基本形式及优缺点。
2. 了解并掌握卖场陈列设计的基本原则。
3. 了解并掌握卖场陈列组合设计的原则与方法。

◆ 技能目标

1. 能够利用卖场陈列设计的基本原则对卖场陈列设计的四种基本形式进行对比分析。
2. 能够利用卖场陈列组合设计的原则和方法进行卖场陈列组合设计。
3. 能综合运用各种陈列组合方式进行陈列面的组合设计。

◆ 素质目标

1. 具备鉴赏形式美，良好的职业责任感及珍惜劳动成果、严守企业信息的职业道德。
2. 培养学生的家国情怀，弘扬中华美育精神，培养工匠精神、责任意识。
3. 培养学生的社会主义核心价值观，树立纪律意识、规范意识、团队意识。

【知识学习】

一、服装陈列设计的组成

（一）店面形象设计

店面形象设计是服装视觉营销的重要组成部分，它包括专卖店（或专柜）店面和入口的设计，卖场色彩、材质、风格等的整体规划设计。店面形象是消费者接触品牌的第一印象，好的店面形象设计能传递顾客该品牌服装的档次、风格路线等，使顾客在店外就知道品牌服装是否符合自己的需要。

（二）橱窗陈列设计

我们都听过"橱窗是无声的推销员"这样的说法。从某种意义上来说，橱窗陈列确实是服装品牌的眼睛，它在第一时间向顾客传达品牌理念、当季产品的风格主题、商品的个性特色等信息。特别是入夜后的都市街道，行人的视线会更多地停留在橱窗上，并为之吸引。橱窗陈列的好坏直接影响到顾客对品牌的认知度。

（三）卖场陈列设计

卖场陈列设计指销售区域的设计安排，包括场地的划分布局，整体格调塑造，气氛营造，色彩、灯光、道具等的选择安排，产品陈列手段等。卖场陈列设计能给消费者塑造良好的购物氛围、传达产品设计理念，使消费者易于接收产品信息，强化品牌形象，形成强烈的现场感召力，促进销售。

二、卖场陈列设计的基本原则

服装店铺的门面装饰固然很重要，但是服装店内商品的陈列更是作为与客户交流的一种无声语言，好的陈列可以吸引顾客进店参观选购，从而提升店铺总体业绩。

服装品牌卖场陈列设计都有哪些基本原则呢？店铺整体看上去整齐、美观、视觉统一是服装卖场陈列的基本要求。不同品牌的陈列构成原则和标准会根据品牌定位的不同而有所差异，但基本上都应遵循整洁干净、易见易取、货品饱满、商品关联、配合营销、突显品牌个性的原则。

三、卖场陈列设计的基本形式

卖场陈列设计的基本形式是组成卖场规划的重要元素。卖场陈列根据品牌定位和风格的不同，陈列形式也各有不同。常规有人形模特陈列、侧挂陈列、正挂陈列、叠装陈列四种形式。

（一）人形模特陈列

人形模特陈列是把服装陈列在模特人台上，也称模特出样（图2-20）。

人形模特是按照人体的特点而设计的人体模型，包括模具和仿真模型两种。模具通常只具有人的身体造型，或者只具备人体的大致轮廓，忽略了对于头部等细节的设计，但是能够模拟出服装被人们穿上后的效果。仿真模型除了具备人的身体造型之外，更重要的是它对人的表情设计也惟妙惟肖，使得模型不仅具备人的外形还具备"人的情感"，通过仿真模型来陈列服装能够给顾客更加真实的视觉效果。

1. 人形模特陈列的优点

优点是将服装以更接近人体的穿着状态进行展示，可以将服装的细节充分地展示出来。人形模特出样的位置一般都在店铺的橱窗里或者店堂里显眼的位置上。通常情况下用人形模特出样的服装，其单款的销售额都要比其他形式出样的服装销售额高，因此店堂里用人形

图2-20　人形模特陈列

模特出样的服装，往往是本季重点推荐或能体现品牌风格的服装。

2. 人形模特陈列的缺点

人形模特陈列也有其缺点，一方面是占用的面积较大，另一方面是服装的穿脱很不方便。遇到有顾客看上人形模特上的服装，而店堂货架上又没有这个款式的服装时，营业员从人形模特身上取服装就很不方便。

使用人形模特陈列要注意一个问题，就是要恰当地控制卖场中人形模特陈列的比例。人形模特好比舞台中的主角和主要演员，一场戏中主角和主要演员只可能是一小部分，如果数量太多，就没有主次。如果品牌的主推款确实比较多的话，可以采用在人形模特上轮流出样的方式。

（二）侧挂陈列

侧挂陈列是将服装侧向挂在货架横杆上的一种陈列形式（图2-21）。

1. 侧挂陈列的优点

（1）服装的保形性好。由于侧挂陈列服装是用衣架自然挂放的，因此，这种陈列方式非常适合一些对服装平整性要求较高的高档服装，如西装、女装等。对于一些从工厂到商店就采用立体挂装的服装，由于服装在工厂就已经烫好，商品到店铺后可以直接上柜，节省劳动力。

（2）侧挂陈列在几种陈列方式中，具有轻松类比的功能，便于顾客随意挑选。消费者在货架中可以非常轻松的同时取出几件服装进行比较，因此非常适合一些款式较多的服装品牌。由于侧挂陈列取放非常方便，在许多品牌里供顾客试穿的样衣一般也都采用侧挂的陈列方式。

图2-21　侧挂陈列

（3）侧挂陈列服装的排列密度较大，对卖场面积的利用率比较高。

因为侧挂陈列的这些优点，所以侧挂陈列成为服装陈列中主要的陈列方式之一，也是女装陈列中应用最广的陈列方式。

2. 侧挂陈列的缺点

侧挂陈列的缺点是不能直接展示服装，只有当顾客从货架中取出衣服后，才能看清楚服装的整体面貌。因此，采用侧挂陈列时一般要和人形模特出样和正挂陈列组合，同时导购也要做好对顾客的引导工作。

（三）正挂陈列

正挂陈列是将服装正面展示的一种陈列形式，正挂陈列是接近人形模特陈列的一种陈列形式（图2-22）。

图2-22　正挂陈列

1. 正挂陈列的优点

（1）可以进行上下装搭配式展示，以强调商品的风格和设计卖点，吸引顾客购买。

（2）弥补侧挂陈列不能充分展示服装以及人形模特出样受场地限制的缺点，并兼顾了人形模特陈列和侧挂陈列的一些优点，是目前服装店铺重要的陈列方式。

（3）正挂陈列既具有人形模特陈列的一些特点，并且有些正挂陈列货架的挂钩上还可以同时挂几套服装，不仅可以起到展示的作用，也具有储货的功能。此外，正挂陈列在顾客需要试穿服装时取放也比较方便。

2. 正挂陈列的缺点

正挂陈列虽然兼顾了人形模特陈列和侧挂陈列的优点，但是与人形模特出样一样，也有其缺点。一是相比侧挂陈列来说，正挂陈列占用的面积较大。二是服装的穿脱不方便。因为大部分正挂陈列都是成套的搭配陈列，体现了从内到外、从上到下的服装搭配效果，上下装通过连接杆进行连接，所以遇到有顾客看上正挂的服装，而店堂货架上又没有这个款式的服装时，营业员拿取服装也不方便。

（四）叠装陈列

叠装陈列是将服装折叠成统一的形状再叠放在一起的陈列形式（图2-23）。

图2-23　叠装陈列

1. 叠装陈列的优点

整齐划一的叠装不仅可以充分利用卖场的空间，而且使陈列整体效果具有丰富性和立体感，形成视觉冲击，同时为挂装陈列做一个间隔，增加视觉趣味。

叠装陈列常用于休闲装中，特别是一些大众化的品牌，销售量比较大，需要有一定的货品储备，同时也追求店堂面积的最大化利用，给人一种量贩的感觉。其次，休闲装的服装面料也比较适合叠装的陈列方式。当然其他服装品类，也有采用叠装的，但其陈列方式和目标会有些差别。

2.叠装陈列的缺点

叠装陈列整理比较费时，因此一般同一款叠装都需要有挂装的出样形式，来满足顾客的试衣需求。

（五）四种陈列方式比较

四种陈列方式都有其优点和缺点，每个品牌都必须根据自己品牌的特色，选择适合自己的陈列方式。我们从展示效果、卖场利用率、取放和整理便捷性三个方面进行比较，可以更加充分了解四种陈列方式的特点，了解在卖场中如何结合品牌的特点和需求，选择合适的陈列方式（表2-6）。

表2-6　四种陈列方式比较

陈列方式	展示效果	卖场利用率	取放和整理便捷性
人形模特陈列	★★★★★	★☆☆☆☆	★☆☆☆☆
侧挂陈列	★★☆☆☆	★★★★☆	★★★★★
正挂陈列	★★★★☆	★★☆☆☆	★★★☆☆
叠装陈列	★★★☆☆	★★★★★	★★★☆☆

注："★"表示好，"☆"表示差。

四、卖场陈列组合设计的原则和方法

（一）理性地规划卖场陈列形式

陈列的组合方式首先要从理性的角度出发，围绕消费者的购物习惯和人体的角度进行组合。例如，一般我们会将重点推荐或正挂的服装，挂在货柜的上半部，因为这一部分正好在顾客最容易看到的黄金视野内，并且取放也比较方便。考虑顾客的购物习惯，在一组货柜中，除了安排正挂服装外，通常会安排一些侧挂的服装便于顾客试衣。此外，还会留出叠装的区域作为服装销售储备。

不同类别的服装品牌应根据自己品牌的产品定位及顾客的购买习惯，选择适合的陈列方式，并将各种陈列方式穿插进行，使卖场富有生机。

各种陈列方式有如下六条组合原则。

（1）要考虑消费者的购物习惯。

（2）要便于导购员的销售。

（3）尽量增加服装的展示机会。

（4）服装陈列的展示方式要分清主次。

（5）各种展示方式要穿插进行，让简单的陈列方式呈现多种变化。

（6）陈列的规划要从大到小，先做整个卖场的规划，然后考虑整个立体面，再考虑一组货架，最后考虑单个货架的安排。这样做不仅使总体的效果好，整个卖场也有节奏感，提高了工作效率。

（二）使卖场有艺术感

在理性地规划卖场后，怎样使卖场显得和谐、有节奏感，是卖场陈列师新的任务。如果说每一组服装在服装设计师手里有一种组合方式的话，那么一个出色的陈列师就像一位指挥家，可以再一次对服装进行演绎。

一个卖场就如同一首乐曲，如果只有一种音符、一种节奏就会让人觉得比较单调，而太多的节奏和音符如果调控不好的话，又会显得杂乱无章。因此，一个好的陈列师就像一个指挥家一样，可以调整各种乐器声音的轻重、节奏，使卖场变得丰富多彩。

女装品牌由于一般都采用侧挂陈列的方式，比较单一，因此可以预先在货架的设计上制造一些节奏感，如在侧挂柜之间穿插一些饰品柜、镜子或者叠装柜，或者使货架之间留有一些间隔，产生节奏感。

当然我们也可以对货架的服装做一些变化，比如一个排面都是侧挂装的货架，可以在一排侧挂的服装之间穿插一些正挂的服装，也可以通过色彩的不同排列来使节奏得到一些变化。

（三）制造陈列的形式美

服装是一门创造美的产业，卖场里的陈列规划同样给人一种美感。卖场里的陈列形式在充分考虑功能性和基本组合方式后，要考虑的就是陈列方式的形式美。

从人们的审美情趣来看，人们一般喜欢两种形式美，一种是有秩序的美感，另一种是打破常规的美感。前者给人一种平和、安全、稳定的感觉；后者给人个性、刺激、活泼的感觉。

虽然两种形式美都在卖场中出现过，但从人们审美习惯来说，有秩序的美感在卖场中应用得更广泛些，因为它比较符合人们的欣赏习惯。同时，在服装款式缤纷多彩的卖场里，我们更需要的是一种宁静、有秩序的感觉。

从卖场陈列的形式美角度分析，目前卖场陈列常用组合形式主要有：对称、均衡、重复三种构成形式。

1. 对称法

卖场中对称法是以一个中心为对称点，两边采用相同的排列方式，给人稳重、和谐的感觉（图2-24）。这种陈列形式的特征是：具有很强的稳定性，给人一种有规律、秩序、安定、完整、平和的美感。因为对称法的这些特征，所以在卖场陈列中被大量应用。

对称法不仅适合比较窄的陈列面，同样也适合一些大的陈列面。当然在卖场中过多地使用对称法，也会让人觉得四平八稳，没有生机。因此，一方面对称法可以和其他陈列形式结合使用；另一方面，我们在采用对称法的陈列面时，还可以进行一些小的变化，以增加陈列面的多样性。

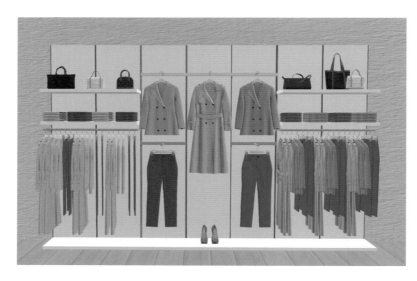

图2-24　对称法陈列

2. 均衡法

卖场中的均衡法打破了对称的格局，通过对服装、饰品的陈列方式、位置的精心摆放，来重新获得一种新的平衡（图2-25）。均衡法既避免了对称法过于平和、宁静的感觉，同时在秩序中重新增添了一份动感。另外，卖场中均衡法常采用多种陈列方式组合，一组均衡排列的陈列面通常就是一组系列的服装。所以在卖场用好均衡法既可以满足货品排列的合理性，同时也给卖场的陈列带来几分活泼的感觉。

图2-25　均衡法陈列

3. 重复法

卖场的重复法是指服装或饰品在一组陈列面或一个货柜中，采用两种以上的陈列形式进行多次交替循环的陈列方法（图2-26）。

图2-26　重复法陈列

　　多次交替循环就会产生节奏，让我们联想到音乐节拍的清晰、高低、强弱、和谐、优美，因此卖场中的重复陈列常给人一种愉悦的韵律感。

　　卖场中的各种陈列方式往往不是孤立的，而是相互结合和渗透的，有时候在一个陈列面中会出现几种构成方式，而卖场的陈列方式远不止这些，在熟悉卖场各种功能和充分了解艺术的基本规律后，我们就可以自由地在艺术和商业之间漫步，同时我们还可以不断地创造出更多的陈列方式。

任务三　卖场陈列色彩搭配设计

【任务导入】

　　请根据品牌陈列标准手册和季节指引了解卖场陈列色彩的搭配方法。

　　◆　知识目标

　　1. 掌握卖场陈列色彩搭配设计的基本原则。
　　2. 掌握卖场陈列色彩搭配方法及技巧。
　　3. 掌握卖场陈列色彩规划的方法。

　　◆　技能目标

　　1. 能够根据服装卖场陈列现状，进行卖场陈列色彩分析。
　　2. 能够根据卖场陈列色彩搭配设计的原则，针对性地进行卖场陈列色彩搭配设计。
　　3. 能够利用设计软件，进行卖场陈列色彩方案的设计表达。

◆ **素质目标**

1. 具备鉴赏色彩的能力，具备分析解决问题的能力。
2. 培养学生的家国情怀，弘扬中华美育精神，培养工匠精神、责任意识。
3. 培养学生的社会主义核心价值观，树立纪律意识、规范意识、团队意识。

【知识学习】

店铺内若能有效运用色彩，不仅能塑造店铺个性，给予顾客深刻的印象，也能营造愉快的购物氛围，激发顾客的购买欲。因此，店铺内的色彩设计是店铺氛围设计的头等大事，色彩与品牌、室内环境、服装风格都有着息息相关的联系。

一、色彩基础知识

在进行卖场色彩设计前，首先要了解色彩的基础知识。

（一）色彩分类

自然界的色彩大致可划分为两大类：无彩色（或称中性色）与有彩色。无彩色是没有任何色相感觉的色彩。有彩色又可以分为原色、间色、复色。

1. 原色

原色指不能通过其他颜色的混合调配而得出的"基本色"。颜料或涂料中最基本的三种色为红、黄、蓝，色彩学上称它们为三原色，又称第一次色。一般在绘画上三原色所指的红是品红、黄是柠檬黄、蓝是湖蓝。

颜料中的原色之间按一定比例混合可以调配出各种不同的色彩，将这些色彩按照混合比例进行排列，可以得到色相环（图2-27）。

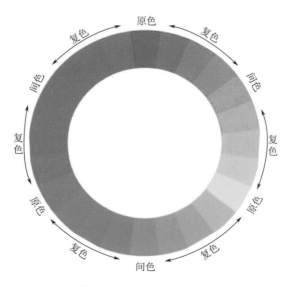

图2-27　二十四色色相环

2. 间色

三原色中任何两种原色做等量混合调出的颜色叫间色，也称第二次色。红+黄=橙、黄+蓝=绿、蓝+红=紫。三原色和三间色统称为标准色。

3. 复色

任何两种间色（或一个原色与一个间色）混合调出的颜色称复色，也称再间色或第三次色。凡是复色都有红、黄、蓝三原色的成分。例如：橙+绿=橙绿（黄灰）、橙+紫=橙紫（红灰）、紫+绿=紫绿（蓝灰）。有彩色与黑色、白色、灰色混合得到的都是复色。

复色是一种灰性颜色，在卖场装饰上应用很广。善于运用复色的变化，能使空间色彩丰富并得到富有格调韵味的艺术效果。

4. 无彩色/中性色

无彩色/中性色指由金色、银色、黑色、白色及由黑白调和的各种深浅不同的灰色系列，中性色不属于冷色调也不属于暖色调。

（二）色彩三要素

1. 色相

色相即色彩的"相貌"，如红、橙、黄、绿等，也就是色彩的名称。

2. 明度

明度也称亮度，指色彩的明暗程度。色彩的明度变化有许多种情况，一是不同种类颜色之间的明度变化，如在未调配过的颜色中，白色明度最高、黄色比橙色明度高、橙色比红色明度高、天蓝色比藏蓝色明度高、红色比黑色明度高；二是在某种颜色中，加入白色明度就会提高，加入黑色明度就会变暗，同时它们的纯度也会降低（图2-28）；三是相同的颜色，因光线照射的强弱不同也会产生不同的明暗变化。

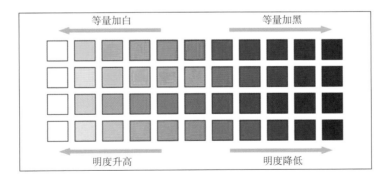

图2-28　色彩的明度变化

3. 纯度

纯度也称饱和度、彩度，是指原色在色彩中所占据的百分比，是色彩鲜艳度的判断标准。某个颜色纯正，指其中无黑白或其他杂色混入，则这个颜色纯度最高。纯度最高的色彩就是原色，随着纯度的降低，色彩就会变淡、变浑浊（图2-29）。纯度降到最低就失去色相，变为无彩色，即黑色、白色和灰色。

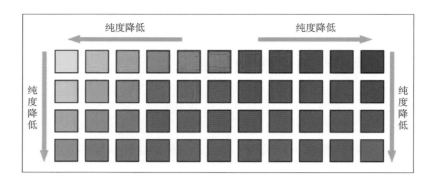

图2-29 色彩的纯度变化

纯度对色彩的面貌影响较大，将颜料、涂料稀释或调和后，色彩的纯度就会降低。纯度降低后，色彩给人以灰暗、浑浊或淡雅、柔和之感。纯度高的色彩较鲜明、突出、有力，但易使人感到单调刺眼，而混色太杂则容易感觉脏，色调灰暗。

（三）色彩的心理感受

人们受色彩的色相、明度等影响，会产生冷暖、轻重、远近、胀缩、动静等不同视觉感受与心理联想。色彩由视觉辨识，从而影响人们的心理，作用于人们的情感，甚至左右人们的精神与情绪。就本质而言，色彩并无感情，而是受生活中普遍积累的经验的作用，人们形成了对色彩的心理感受。

1. 冷暖感

暖色通常指红、橙、黄一类颜色，冷色指蓝、青、绿一类颜色。所谓冷暖，是由于在生活中，红、橙、黄一类颜色容易使人联想起火、灯光、阳光等暖热的东西；而蓝、青、绿一类颜色则容易使人联想到海洋、蓝天、冰雪、青山、绿水、夜色等。

2. 空间感

基于色彩的明度、纯度不同，可以造成不同的空间感，如前进、后退、凹凸、膨胀、收缩等。明度高的暖色有突出、前进、膨胀的空间感；明度低的冷色有凹进、后退、收缩的空间感。色彩的空间感在卖场装修中的作用是显而易见的，如果店铺空间狭小，墙面可用产生后退感的色彩，赋予店铺开阔之感。

3. 轻重感

色彩的轻重感一般由明度决定。高明度具有轻感，低明度具有重感。白色最轻，黑色最重。低明度基调的配色具有重感，高明度基调的配色具有轻感。

4. 华丽感与朴素感

纯度对于色彩的华丽感和朴素感有很大的影响。一般来说，高纯度的暖色会给人以华丽、夺目和夸张的感觉；低纯度色彩则会给人朴素、柔和及复古的感觉。

5. 活力感与沉稳感

纯度对于色彩的活力感和沉稳感也有很大的影响。就单个色彩而言，高饱和的色彩会给人以年轻、时尚、充满活力之感；低饱和的色彩则会给人以稳重、大气、沉静之感。在做色彩搭配时，类似色、邻近色的搭配，会给人一种沉静且稳重的感觉，也能营造出柔和的气氛。

（四）色彩的对比与调和

对比与调和是色彩设计中常用的手法。对比给人以强烈的感觉，调和则给人以协调统一的感觉。成功的色彩设计，都在某些方面存在着对比，而从整体上看又是调和统一的。在运用色彩时，孤立的一块颜色是很难达到理想效果的，利用色彩的对比与调和，可提高色彩的明度和纯度，或降低其明度和纯度，扩大色彩的表现范围（图2-30）。

在具体运用时，要根据卖场的品牌风格需要，有时着重于对比，有时着重于调和，二者是对立的统一。强调对比时，要注意调和；强调调和时，也要适当运用对比。

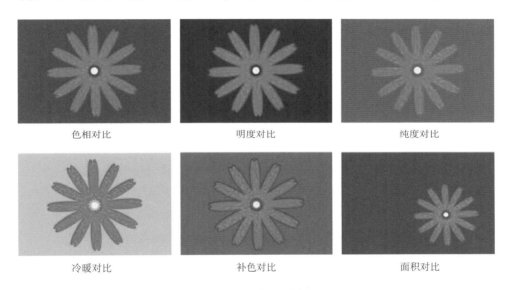

图2-30　色彩对比

1. 色彩对比

（1）色相对比。两种以上色彩组合后，由于色相差别而形成的色彩对比效果称为色相对比。它是色彩对比的根本方面，其对比强弱程度取决于色彩之间在色相环上的距离（角度），距离（角度）越小对比越弱，反之则对比越强（图2-31）。

类似色：色相环上30°之内的色彩为类似色。

邻近色：相较于类似色，邻近色在色相环上的角度范围更大一些，一般在60°之内。

中差色：色相环上90°之间的色彩为中差色。

对比色：色相环上角度在120°~180°的色彩，理论上来说，互补色应该也是包含在对比色之内的。

互补色：色相环上角度为180°的色彩，比如红和绿、蓝和橙、黄和紫。

（2）明度对比。明度对比可增加色彩的层次和节奏。在卖场色彩设计中，为了突出主体或造成鲜明生动的空间色彩层次和环境气氛，常运用色彩明度对比的手法。位于明度不同的背景上的同一色彩，看上去往往感觉在明亮背景上的色彩就偏暗，而在暗背景上就偏明，这实际上是因为对比而产生的感觉上的差异。

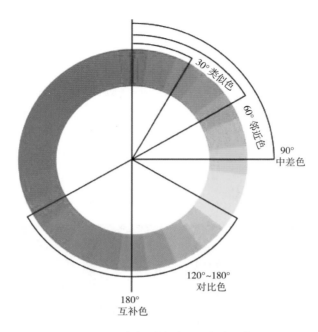

图2-31　色相对比（以红色为例）

（3）纯度对比。用纯度较低的颜色与纯度较高的颜色搭配在一起，达到以灰衬鲜的效果，则灰的颜色更灰，鲜艳的颜色更鲜艳。以灰色调为主的店铺，可局部运用鲜明色，鲜明色会更醒目，灰色调更显得明确。以鲜艳色为主的店铺，间用少量的灰色，鲜艳色会更鲜艳，效果更明亮。

（4）冷暖对比。色彩的冷暖对比是最普遍的一种对比，各种色彩对比都可以说是冷暖对比的特殊形式。通过对比，冷的色彩更显冷，暖的色彩更显暖。欲使某一暖色更暖，可在其周围配置对比的冷色。运用冷暖色对比，两色也应有主有次，并以明度纯度的不同加以调节。

（5）补色对比。补色对比是一种最强烈的冷暖对比，其色彩效果是非常鲜明的。色环中互相成180°的色彩都互为补色，如橙与蓝，绿与红，紫与黄，是三对最基本的互补色。补色并列时，可使色彩搭配产生最强烈的效果，运用这种搭配方式也可以使店铺显得更时尚、更有活力和戏剧性。但对比时应该在色彩的分量及纯度、明度等方面进行适当变化，使其在对比中感到和谐自然。

（6）面积对比。色彩对比还要顾及面积的大小，即用色面积要有大小、主次。店铺中色彩面积配置不当，会产生色彩过分调和而趋于单调或过分刺激而破坏整体色彩协调的感觉。为了提高店铺中色彩的效能，可采取色彩面积大小的对比。

2. 色彩的调和

调和就是具有共同的、互相近似的色素、色彩之间的协调、统一，即两种以上的颜色组合在一起，能够统一于一个基调中，给人的感觉和谐，而不刺激。

在色相、明度、纯度上比较接近的色彩，容易感觉调和，所以组成调和色的基本法则是"在统一中求变化，在变化中求统一"。任何店铺中的色彩都应求得调和，色彩调和有以下四种方法。

（1）主导色调和。确立店铺中一种颜色为主导（面积大于其他色块）的基本主色调，其他色彩处于次要或从属地位，以增加色彩的调和感。

（2）类似色或邻近色调和。由关系较接近的色彩（色相、明度、纯度上较接近）组成的调和色，色调比较柔和、单纯。

（3）对比色调和。色彩设计时，采用各种不同的对立色色相形成对比，也能使其产生调和。调和方法有：不同的色相加入共同色素，使各色都趋于相同的色调；改变其中一色的明度，以缓冲色彩刺激；加入两个对比色的中间色；改变其中一色的纯度。

（4）中性色调和。若有彩色的对比较为强烈，难以调和，可以增加一过渡色，如黑、白、灰、金、银五种中性色。由于中性色的过渡和缓冲作用，使对比色变得调和，视觉上也更舒适（图2-32）。这种调和方法在卖场色彩设计中极为常用。

图2-32　中性色调和

二、卖场陈列色彩搭配设计

（一）卖场陈列色彩搭配常见问题

色彩是衡量卖场陈列设计好坏的重要标准，一个能吸引眼球的卖场，离不开色彩搭配。卖场陈列色彩搭配常见的问题有以下三个种。

1. 整体色系混乱，无系列感

从图2-33案例陈列中可以看出：整体陈列很乱，主要问题出现在花稿上。这组陈列共有三组花稿，每个花稿代表了一个系列，把它们放在一起后就显得特别混乱，没有系列感。通过对色彩的整合，是否感受到了变化呢？通过对产品的分析，留下了玫红+黄色花稿，并以此为主题商品进行产品的组合与搭配，整体货架展示围绕花稿中的颜色展开，使之具有较好的整体感。我们可以清楚地看到，花稿中的玫红、黄色、绿色等主打色都找到相对应的纯色的产品，与花稿形成呼应。

图2-33　陈列调整前后对比图1

2. 只考虑色系，忽略产品系列

从图2-34案例陈列中可以看出：整体陈列很规整，但立柜陈列方式存在问题，左边的产品是运动风格的，而右边的产品是女性化的，两组产品放在一起显然不合适，而且人形模特的着装在立柜中也没有呼应的款式。解决问题应该以人形模特出样为核心，将立柜的陈列进行调整，变成花稿的女性化产品，同时又分成左右两个系列，整体统一且富有变化。

调整后的卖场陈列除了人形模特没有动之外，其他货品全部做了调整。本组陈列主要是围绕橱窗人形模特的着装搭配进行了主题系列陈列。两组产品全部都是花稿，整体风格呼应了人形模特着装。在确保大色系统一的同时，左右两个系列的主题色彩又各不相同，左边系列与人形模特距离最近，因此产品与人形模特出样同步，右边系列的色彩在花稿的基础上增加了玫红色，使产品更加富有层次感。

图2-34　陈列调整前后对比图2

3. 单个仓位颜色多且忽略色系搭配

从图2-35案例陈列中我们可以看出：这个仓位中的五组正挂颜色各不相同，从中也找不出任何规律，整体搭配显得很乱。这种问题应该通过对色彩的整合来解决。一个仓位的色彩数量不应多于四种，以三种最为合适。在这组陈列的调整中，采用了对称法陈列，以中间的紫色系为中轴，左右两边对称进行了色系的调整。对比调整前后的图片能够看出变化后的规律性。

图2-35　陈列调整前后对比图3

（二）卖场陈列色彩搭配设计方法

卖场色彩的陈列方式有很多，这些陈列方式都是根据色彩的基本原理再结合实际的操作要求变化而成的。主要是将千姿百态的色彩根据色彩的规律进行规整和统一，使之变得有秩序，使卖场主次分明，易于消费者识别与挑选。我们在掌握了色彩的基本原理后，根据实际经验，还可以创造出更多的陈列方式，在具体教学中，可以依托平台中的数字资源进行针对性讲解。

1. 对比色搭配法

对比色搭配法指在色相环中两个相隔较远的颜色相配，如黄色与紫色，红色与青绿色，这种配色对比强烈，视觉冲击力大（图2-36）。对比色搭配法是卖场陈列中常用的色彩搭配方法，其在卖场应用中分为服装上下装的对比色搭配、服装和背景的对比色搭配。

2. 类似色搭配法

类似色搭配法指两个比较接近的颜色相配，如红色与橙红相配，黄色与草绿色相配等，这种配色有柔和的秩序感（图2-37）。类似色的搭配在卖场的应用中也分为服装上下装的类似色搭配、服装和背景的类似色搭配。

图2-36　对比色搭配法应用案例

图2-37　类似色搭配法应用案例

对比色搭配法和类似色搭配法这两种方式在卖场的色彩规划中是相辅相成的。如果卖场中全部采用类似色的搭配就会显得过于宁静、缺乏动感；反之，过多采用对比色搭配会使人感到躁动不安。因此，每个品牌都必须根据自己的品牌文化和顾客的定位选择合适的色彩搭配方案，并规划好两者之间的比例。

3. 明度排列法

明度排列法将色彩按明度深浅依次进行排列，色彩的变化按梯度递进，给人一种宁静、和谐的美感（图2-38）。这种排列法经常在侧挂、叠装陈列中使用。明度排列法一般适用于明度上有一定梯度的类似色、邻近色等色彩，但如果色彩的明度过于接近，就容易混在一起，反而感到没有生机。

图2-38　明度排列法应用案例

当我们在卖场陈列中面对一组杂乱无章的色彩时，应该怎么办呢？可以把眼睛眯起来，将色彩按照明度深浅依次排列就会出现一种宁静、和谐的美感，这就是明度排列法。

4. 彩虹排列法

彩虹排列法指将服装按色环上的红、橙、黄、绿、青、蓝、紫的顺序排列，像雨后彩虹一样，给人一种柔和、亲切、和谐的感觉。彩虹排列法主要适用于一些色彩比较丰富的服装品牌卖场陈列（图2-39）。

5. 间隔排列法

间隔排列法指通过两种以上的色彩间隔和重复产生一种韵律和节奏感（图2-40），使卖场中充满变化，让人感到兴奋。间隔排列法借鉴了钢琴键盘的排列顺序，其最大的特点就是组合灵活和使用面广，是卖场陈列中常用的方法之一。间隔排列法看似简单，但是在实际应用中，服装不仅有色彩的变化，还有长短、厚薄、素色和花色的变化，所以就必须综合考虑，同时间隔的件数的变化也会使整个陈列面的节奏产生丰富的变化。

图2-39　彩虹排列法应用案例

图2-40　间隔排列法应用案例

　　对比色搭配法、类似色搭配法、明度排列法和彩虹排列法都是卖场中常规的色彩陈列方法，在实际应用中，必须根据品牌的特性、款式等诸多因素灵活处理。
　　艺术的最高境界是和谐，服装陈列的色彩搭配也是如此。在卖场中我们不仅要建立起色彩的和谐，还要与卖场的空间、营销手法和导购艺术等诸多因素建立一种和谐互动的关系，这才是我们真正追求的目标。

（三）卖场陈列色彩搭配设计基本原则

（1）要与品牌定位相吻合。

（2）要突显品牌的产品风格。

（3）要对产品进行系列感呈现。

（4）每个仓位的颜色以3~4种为宜，不超过4种。

（5）单款单色货品陈列数量应以2~3件为宜。

（6）库存数量较少的产品不宜放置黄金位置。

（四）卖场色彩规划的方法

一个卖场就是一幅画，要画好这幅画，就必须调配好这幅画的色彩，做好卖场的整体色彩规划。

卖场功能中的色彩布置要重视细节，更要重视总体的色彩规划。成功的色彩规划不仅要做到协调、和谐，而且应该有层次感、节奏感，能吸引顾客进店，并不断在卖场中制造惊喜，更重要的是能用色彩来刺激顾客的兴趣。一个没有经过规划的卖场常是杂乱无章或平淡无奇的，顾客在购物时容易产生视觉疲劳，没有兴奋感。卖场色彩规划的方法有以下三种。

1. 分析卖场服装的分类特点

每个服装品牌根据其品牌特点、销售方式、消费人群的不同，在卖场中的服装都有特定的分类方式。卖场的商品分类通常有按系列、类别、对象、原料、用途、价格、尺寸等几种方法。

不同的分类方式，在色彩规划上采用的手法也略有不同，因此陈列师在做色彩规划之前，一定要清楚该品牌的分类方法，然后可以根据其特点有针对性地进行不同的色彩规划。

2. 掌握卖场的色彩平衡感

一个围合而成的卖场，通常有四面墙体，也就是四个陈列面，而在实际应用中，最前面的一面墙通常是门和橱窗，实际剩下三个陈列面——正面和两侧。这三个陈列面的规划，我们既要考虑色彩明度上的平衡，又要考虑三个陈列面的色彩协调性。如卖场左侧陈列面的色彩明度较低，右侧陈列面的色彩明度高，就会造成一种不平衡的感觉，好像整个卖场向左边倾斜一样。

卖场陈列面的总体规划，一般要从色彩的一些特性出发。如根据色彩的明度原理，将明度高的服装系列放在卖场的前部，明度低的系列放在卖场的后部，这样可以增加卖场的空间感。对于同时有冷暖色、中性色系列服装的卖场，一般是将冷暖色分开，分别放在左右两侧，面对顾客的陈列面可以放中性色，或对比较弱的色彩系列。

3. 制造卖场色彩的节奏感

一个有节奏感的卖场能让人感到有起有伏，有变化。节奏的变化不只体现在造型上，不同的色彩搭配同样可以产生节奏感。卖场节奏感的制造通常可以通过改变色彩的搭配方式来实现。色彩搭配的节奏感可以打破四平八稳和平淡的局面，使整个卖场充满生机。

（五）品牌卖场陈列色彩搭配设计实操

学生分组对任务进行分析，按照"整体—局部—整体"的步骤，通过服装陈列虚拟仿真系统进行针对性搭配设计。首先要对品牌案例有一个整体的把握和确定修改方向，接下来进行局部的调整，在局部调整时要注意色彩与服装本身组合搭配的关系，最后针对操作内容进行整体把控。

工作领域三　橱窗陈列设计

任务一　橱窗方案设计

【任务导入】

请根据品牌或产品需求，进行主题橱窗方案设计。

◆ 知识目标

1. 掌握橱窗类型、橱窗构成要素、橱窗基本组合形式。
2. 理解主题橱窗设计要素与整体的关系。
3. 了解橱窗设计的灵感来源。
4. 掌握橱窗设计的创意表现手法。

◆ 技能目标

1. 能够根据橱窗基本组合形式进行橱窗空间布局。
2. 能够开拓灵感来源途径，挖掘提炼设计元素。
3. 能够利用表现手法进行橱窗的创意设计。
4. 能够完成目标主题橱窗设计及效果图绘制。

◆ 素质目标

1. 提升认识美、理解美、欣赏美、创作美的能力。
2. 具备设计与市场相结合的陈列设计意识。
3. 具备现代信息技术的应用能力。
4. 具有开拓创新、持之以恒、爱岗敬业的职业精神。

【知识学习】

一、橱窗设计基础

橱窗是一个品牌面对顾客的重要媒介，并且具有最有效地向顾客传达产品文化理念的作用，是商品销售信息的陈列空间，也是文化艺术和经济营销的结合体。橱窗陈列能最大限度地调动消费者的视觉神经，达到吸引消费者购买的目的。

（一）橱窗分类

橱窗从装修的形式上可以分为封闭式橱窗、开放式橱窗和半开放式橱窗三种类型。

1. 封闭式橱窗

封闭式橱窗指橱窗本身与店面后堂完全分隔，顾客从店外橱窗正面无法看到整个店面的环境。这种橱窗陈列形式最早源于戏剧舞台的布景设计，可以完整地讲述一个品牌故事，在橱窗氛围的营造上有着先天的优势。

因为无法看到整个店面，顾客的注意力将完全集中在橱窗里，这时候，橱窗可以利用舞台般的造景效果、灯光、人形模特、服装与道具的相互烘托，营造出一幕鲜活的戏剧画面，突显一个完整的故事主题，我们通常称其为场景式橱窗陈列（图3-1）。

图3-1　封闭式橱窗

2. 开放式橱窗

开放式橱窗指橱窗本身与店面后堂之间没有任何隔断，顾客可以从店外橱窗正面看到整个店面的环境。

这种橱窗陈列形式广泛应用于风格休闲、自然的服装品牌，或者商场店铺等面积较小的场地。因为顾客可以透过橱窗看到整个店面，拉近了店面与顾客在心理上的距离，所以这种形式相对容易吸引顾客进店。

在进行开放式橱窗陈列时需要注意的是，因为店面后堂实际上已经成为橱窗的背景，所以橱窗内容的设置要与视线所及的背景协调一致，有所呼应，顾客才更愿意踏入店内（图3-2）。

3. 半开放式橱窗

半开放式橱窗也称半封闭式橱窗，指橱窗本身与店面后堂之间不完全分隔，通常使用半透明材料或通过背板不完全封闭来实现，从店外橱窗正面可以看到部分店内的环境。

这种橱窗陈列形式结合了封闭式橱窗与开放式橱窗的特点，既保留了封闭式橱窗的氛围营造力，又带有开放式橱窗的亲和力，目前广泛应用于各服装品牌店面中。

在进行此类橱窗陈列时，既要注重橱窗本身的布景效果，利用各种技巧吸引顾客的注意力，又要兼顾通过橱窗可视角度的店内陈列设计，使其发挥吸引顾客进店的作用（图3-3）。

图3-2 开放式橱窗

图3-3 半开放式橱窗

（二）橱窗的构成要素

橱窗展示是一个不可或缺的吸引顾客进店的方法，橱窗展示的产品与道具、灯光等其他因素一起组成品牌的视觉营销系统，它们影响消费者决定是否进入店铺中（图3-4）。

1. 服装

服装是橱窗展示的重点，不管什么风格的橱窗，都是为了突出展示服装，因此陈列的商品是橱窗最重要的元素。服装根据款式可以分成畅销款、刺激款、季节和潮流款、广告款、特种款、基本款。

图3-4　橱窗构成要素示意

　　橱窗陈列的服装一般选自产品企划案中这一季的主打款或者海报款，主推的产品最能表现该品牌的定位与风格，陈列的服装产品应符合流行趋势，起到吸引人视线的作用。

　　2. 人形模特

　　橱窗中主要展示的服装是通过人形模特进行展示的，因此人形模特也是橱窗设计的重要元素。橱窗中人形模特需要和谐搭配，和谐搭配第一原则是让橱窗中人形模特的风格与材质一致、和谐。并且让人形模特的上下装、人形模特与人形模特之间的组合形成一个定位明确的着装搭配，能够有效地让顾客在店外了解到品牌定位以及目前主推的产品，从而提高目标顾客群体的进店率。

　　3. 背景板

　　橱窗的背景板一般能表达出服装品牌的设计理念，突出橱窗陈列展示的商品，渲染橱窗的气氛。橱窗的背景分为简洁风格背景、海报风格背景、道具风格背景。简洁风格背景适合极简风、快时尚等服装橱窗，制作成本低，让人的视线更加聚焦在产品身上。海报风格背景制作成本不高，品牌适用面广，优点是方便更换，性价比高，直击主题，产品特性显著，刺激消费，由于占据面积较大，用户记忆效果好。道具风格背景制作成本相对前两种较高，适合注重视觉营销和创意的品牌。其主题鲜明，记忆点多，背景层次感强，视觉冲击力大，营造场景氛围，让消费者代入感更强。道具打造出来的背景，元素丰富、立体感极强，这是相比简洁风格背景和海报风格背景最为显著的特点。

　　4. 道具

　　橱窗陈列道具可以增强橱窗氛围感，起到烘托产品的作用，因此橱窗道具的设计就显得尤为重要。常见的橱窗材质有KT板、纸、瓦楞纸、PVC板材、ABS板材、亚克力、塑料泡沫、保丽龙、吹塑材料、充气材料、玻璃钢等。其中道具的设计风格要突显服装，起到表现服装陈列效果的作用。

　　5. 灯光

　　橱窗的灯光作用也非常重要，起到吸引客流、突显陈列产品、营造陈列氛围的作用。橱窗照明的处理应该和橱窗设计方案同步进行，布置橱窗前，确保灯具清洁、可用，调整光束聚集到重点产品上，通常采用45°侧光照射的方式。安装可调节照明轨道，方便使用不同灯具，聚光灯突出单品或人形模特，泛光灯提供气氛。照明灯光的宽度值通常取决于想要突出橱窗群组的大小，橱窗中通常宽窄光束组合使用。

（三）橱窗的基本组合形式

一般来说，单个橱窗的尺寸基本在1.8~3.5m，这种中小型的橱窗大多是用2~3个人形模特再配合道具的陈列方式。大部分橱窗人形模特摆位是由以下几种组合形式组成。每一个位置的摆放都要仔细考究，一步的距离或15°的朝向差距都可能带来完全不一样的效果。

1. 人形模特左右摆位

橱窗人形模特左右变化指人形模特的水平位置变化，通过橱窗横向范围的变化，起到展示服装、丰富视觉效果的作用（图3-5）。

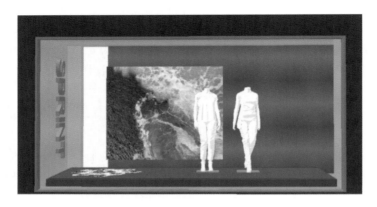

图3-5　人形模特左右摆位

2. 人形模特前后摆位

橱窗人形模特前后变化指人形模特的空间位置前后的变化，人形模特前后的变化对橱窗的深度有一定要求。人形模特前后摆位可以起到丰富橱窗空间感的作用（图3-6）。

图3-6　人形模特前后摆位

3. 人形模特高低摆位

人形模特高低变化指人形模特的摆放高度变化，通过高低的控制，结合陈列结构的配置，如三角结构等方式，将橱窗的纵深感和陈列的丰富表现手法结合起来。这种形式的摆位可以结合陈列道具，表现形式更加多样化（图3-7）。

图3-7　人形模特高低摆位

4. 人形模特朝向摆位

人形模特朝向变化指人形模特的正面朝向变化，不同朝向增加了橱窗陈列的趣味性，更加适合个性化和趣味化的橱窗展示效果。朝向角度的变化使橱窗更具情景化，述说内容。此变化需要着重考量客流的走向、人形模特之间的站位及姿态交流（图3-8）。

图3-8　人形模特朝向摆位

5. 不同数量的人形模特摆位

目前，国内大多数服装品牌主力店的店面在市场的终端主要以单门面和两个门面为主，橱窗的尺寸也基本在1.8~3.5m。这种中小型的橱窗基本上采用两个或三个人形模特的陈列方式。基于此实际情况，以三个人形模特为例来介绍组合方法。

（1）水平等距摆放。这种摆放形式简朴明晰，整体水平和等距的特性给人一种平静舒适的稳定性与平和感，适用面最广（图3-9）。

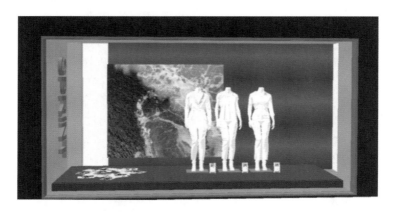

图3-9　人形模特水平等距摆放

（2）水平非等距摆放。人形模特可以在三人水平等距的前提下，中间人形模特发生水平偏移，偏左或者偏右，增加橱窗的活跃性和节奏感。可凭借橱窗的道具或人形模特之间搭配服装的颜色、花型、明暗、品类、款式、厚薄等因素进行目的性的协调（图3-10）。

图3-10　人形模特水平非等距摆放

（3）前后错位摆放。这种方法也是在三人水平的情况下运用。根据橱窗的设计，摆位前后错位调整变化。对橱窗的深度有一定要求，想要有条理感，橱窗深度必须足够才行（图3-11）。

（4）三角结构摆放。一般呈金字塔的三角形摆放，中间高、两边低，既增加了橱窗的空间感，又给人一种稳定感，延长顾客驻足欣赏时间（图3-12）。

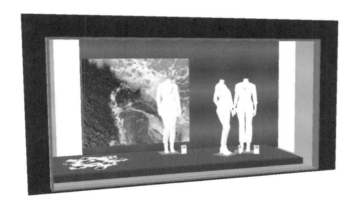

图3-11 人形模特前后错位摆放

图3-12 人形模特三角结构摆放

6. 人形模特与服装的搭配

（1）间距相同、服装相同。这种排列方式每个人形模特之间等距，节奏感较强，由于穿着的服装相同，比较抢眼，适合促销活动以及休闲装的品牌使用。缺点是有一些单调，为了改变这种局面，最常见的一种做法是移动人形模特的位置，或通过改变人形模特身上的服装进行调整。两种改变都会带来全新的感觉（图3-13）。

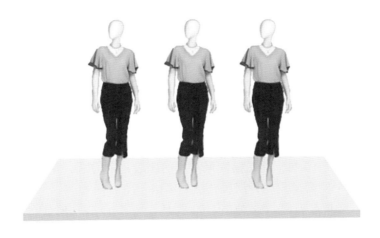

图3-13 人形模特间距相同、服装相同

（2）间距不同、服装相同。这种排列方式由于变换了人形模特之间的距离，从而产生了一种节奏感，虽然服装相同，但不会感到特别单调，给人一种规整的美感（图3-14）。

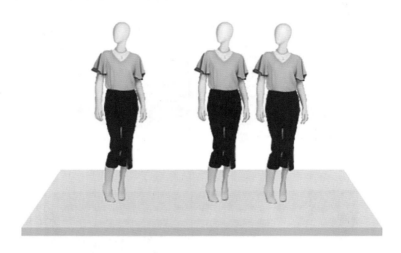

图3-14　人形模特间距不同、服装相同

（3）间距相同、服装不同。虽然前面两种组合形式都有各自独特的优点，但是相对来说，这些排列形式都会显得比较单调一些。为了改变上述排列单调的问题，我们可以通过改变人形模特身上的服装来获得一种新的服装组合方式。服装的改变使这一组合在规整中又多了一份趣味（图3-15）。

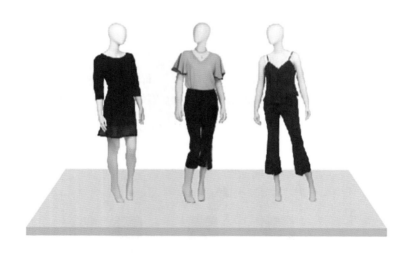

图3-15　人形模特间距相同、服装不同

（4）间距不同、服装不同。这是橱窗最常用的服装排列方式，由于人形模特的间距和服装都发生变化，使整个橱窗呈现一种活泼自然的风格（图3-16）。

（5）增加道具、丰富画面。这种组合形式是在上一种组合形式的基础上增加一些小道具和服饰品，使整个画面更加饱满、富有变化，是上一种组合形式基础上的一种升华（图3-17）。

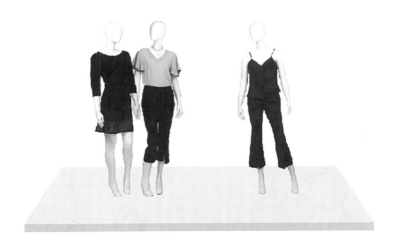

图3-16　人形模特间距不同、服装不同

图3-17　增加道具丰富画面

（四）橱窗的综合性变化组合

在掌握基本的橱窗陈列方法后，就要考虑整个橱窗的设计变化和组合了。

橱窗的设计一般采用平面和空间构成原理，主要运用对称、均衡、呼应、节奏、对比等构成手法，对橱窗进行不同的构思和规划。同时针对不同品牌服装风格和品牌文化，橱窗的设计也呈现出千姿百态的景象。其实橱窗的设计风格很难进行严格的分类，因为有的橱窗会采用好几种设计元素。为了让大家比较清楚地了解橱窗风格的变化，将介绍如下两种比较典型和常见的设计类型。

1. 追求和谐优美的节奏感

这类橱窗追求一种比较优雅的风格，橱窗的设计比较注重节奏感，主要是通过对橱窗各元素的组合和排列，来营造优美的旋律感。

橱窗设计和音乐是相通的。音乐节奏的变化在橱窗的设计中具体的表现就在人形模特之间的距离、排列方式，服装的色彩深浅和面积的变化，以及橱窗里线条的方向等方面。一个好的陈列师也是对橱窗内各元素的排列、节奏理解最深刻的人。

图3-18所示的橱窗为学生的橱窗设计课堂作业。该设计通过波浪曲线造型与灯光的结合，在凸显节奏感的同时，也将人形模特进行了前后的空间设计，通过鸟笼元素的应用，使整体设计更显诗情画意，具有很强的故事性。

图3-18　追求节奏感的陈列

2. 追求奇异夸张的冲击感

夸张、奇异的设计手法也是橱窗设计中另一种常用的手法，因为这样可以使橱窗在平凡的创意中脱颖而出，赢得路人的关注。这种表现手法往往采用一些非常规的设计手法，来追求视觉上的冲击力。在这种手法中，最常用的是将人形模特与品牌的吉祥物形象结合等（图3-19），或将一些物体重复排列，制造一种数量上的视觉冲击，或将一些反常规的东西放置在一起，以期待提高行人的关注度。怎样在短时间内抓住顾客的目光，是橱窗设计中最关键的问题。

图3-19　追求视觉冲击感的陈列

橱窗的设计方法很多，一个好的橱窗设计师，除了需要熟悉营销和美学知识、具备扎实的设计功底外，更重要的是要时刻站在顾客的角度去审视自己的设计。

（五）橱窗设计的基本原则

橱窗是卖场有机的组成部分，它不是孤立的，在构思橱窗的设计思路前必须把橱窗放在整个卖场中考虑。另外，观看橱窗的对象是顾客，我们必须从顾客的角度去设计规划橱窗里的每一个细节。

1. 考虑顾客的行走视线

虽然橱窗是静止的，但顾客是在行走和运动的。因此，橱窗的设计不仅要考虑顾客静止的观赏角度和最佳视线高度，还要考虑橱窗自远至近的视觉效果，以及路过橱窗前的"移步即景"的效果。为了使顾客在较远的地方就可以看到橱窗的效果，我们不仅要在橱窗的创意上做到与众不同、主题简洁，在夜晚还要适当地提高橱窗里的灯光亮度，一般橱窗中灯光亮度要比店堂中高50%~100%，照度要达到1200~2500 lx。此外，顾客在街上一般是靠右行走的，通过专卖店时，一般是从商店的侧面穿过店面，因此，我们在设计中，不仅要考虑顾客正面站在橱窗前的展示效果，也要考虑顾客侧向通过橱窗所看到的效果。

2. 橱窗和卖场要形成一个整体

橱窗是卖场的一部分，在布局上要和卖场的整体陈列风格相吻合，形成一个整体，就如把卖场比喻成一本书，橱窗就像封面，封面的设计风格必须和内页的版式协调。特别是通透式的橱窗不仅要考虑和整个卖场的风格相协调，还要考虑和橱窗最靠近的几组货架色彩的协调性。

在实际应用中，有许多陈列师在陈列橱窗时，往往会忘了卖场的陈列风格，结果我们常看到这样的景象：橱窗的设计非常简洁，而卖场里却非常繁复；或橱窗非常现代，卖场里却设计得很古典。

3. 要和卖场中的营销活动相呼应

橱窗从另一角度看，就如同一个电视剧的预告，它告知的是一个大概的商业信息，传递卖场内的销售信息，这种信息的传递应该和店铺中的活动相呼应。如橱窗里是"新装上市"的主题，卖场里陈列的主题也要以新装为主，并储备相应的新装数量，以配合销售的需要。

4. 主题要简洁鲜明，风格要突出

我们不仅要把橱窗放在自己的店铺中考虑，还要把橱窗放大到整条商业街上去考虑。在整条街道上，其实店铺橱窗只占小小的一段，如同影片中的一段，稍纵即逝，顾客在橱窗前停留也就是很短的一段时间。因此，橱窗一定要主题鲜明，反映出品牌特色，使受众看后就产生兴趣，并想购买陈列的商品。

5. 要有一定的"艺术美"

橱窗实际上是艺术品陈列室，通过对广告产品进行合理搭配，来展示商品美。它是衡量商业经营者文化品位的一面镜子，是体现商业企业经营环境文化、经营道德文化的一个窗口。橱窗是商店的脸面，顾客对它的第一印象决定着顾客对商店的态度，进而决定着顾客的进店率。

二、橱窗方案设计

在现代商业活动中，一个主题鲜明、构思新颖、风格独特、手法脱俗的橱窗是服装品牌的无声广告，直接为自己品牌商品塑造完美的形象。

（一）橱窗设计的灵感来源

一个店铺的陈列设计，重点在于橱窗设计，而橱窗设计的重点在于怎样做出有创意的橱窗。陈列设计师在做陈列时，往往会将最多的精力放在做出与众不同的橱窗设计上，这本是无可厚非的，但是困扰陈列设计师的，往往也是怎样获得橱窗设计的灵感，并将其转化为我们通常所说的设计点。有的陈列设计师在做橱窗设计时绞尽脑汁，想出来的创意却并不符合品牌风格和营销目标。所以，怎样通过理论的方法来获得灵感和提炼设计点，是值得讨论的问题。

1. 灵感源于时尚流行趋势主题

时尚流行趋势每年由各大流行趋势研究机构发布，根据季节发布春夏和秋冬流行趋势，细分若干个主题，包括风格、色彩、款式、图案、材质等。设计师需要选择其中适合该品牌风格的主题，根据设计需要将流行元素进行提炼，应用到橱窗设计中（图3-20）。

图3-20　灵感源于时尚流行趋势的橱窗设计

2. 灵感源于品牌的产品设计要素

品牌的产品设计要素，其实是由服装设计师代替陈列设计师完成了对时尚流行趋势主题的分析和提炼这一步骤。服装设计师会对下一季的流行趋势进行研究，找出其中适合本品牌的设计要素，然后，根据这些设计要素进行系列设计，开发出几大系列主题鲜明又风格统一的产品。陈列设计师此时只需对产品的这些设计要素加以引用，在橱窗陈列时把它表达出来，就可以做出既符合时尚流行趋势又忠于品牌自身风格的设计。这些设计要素可能是一块面料的花型或肌理，也可能是一个款式的结构特点（图3-21）。

3. 灵感源于品牌当季的营销方案

以时间段来划分，品牌当季的营销方案包括新品上市计划，以及一些重点节假日的营销策略。在这些重点时期，如春装上市、五一国际劳动节、秋装上市、国庆节和春节期间，品牌必然需要进行有针对性的重点陈列设计。陈列设计师在这个时候就要通过应季的橱窗陈列设计明确地提醒每一位路过的顾客新品的上市和节日的到来。设计方案的灵感来源可以从这些时间段的代表特征去发掘，既要明确地体现该时间段的特点，又要新颖而不落俗套（图3-22）。

图3-21 灵感源于产品设计要素的橱窗设计

图3-22 灵感源于当季营销方案的橱窗设计

4. 灵感源于全球热点社会问题

关注全球热点社会问题和区域社会新闻，以此为素材进行解构，从中提炼出符合本品牌的设计点。如图3-23所示，旨在打造人与自然和谐共生的主题。通过绿植的引入创意和风格的实现就变得非常自然，还能引起消费者的共鸣。

图3-23 灵感源于全球热点问题的橱窗设计

5. 灵感源于各种形式的生活体验

音乐、绘画、电影、书籍、展览、网站等，早已成为当下日常生活中不可或缺的一部分，也是我们感受和体验生活的渠道和方式。它们会让人感到美好，容易产生共鸣并且令人充满遐想，它们也总能为我们提供灵感，带给我们许多奇思妙想（图3-24）。

图3-24　灵感源于各种生活体验的橱窗设计

除此之外，橱窗设计的灵感还可以源于品牌推广与营销策略、地域文化与民风民俗等方面。

（二）橱窗设计表现手法

1. 直接展示

直接展示就是道具、背景用到最低程度，让商品自己说话。运用陈列技巧，通过对商品的折、叠、挂、堆，充分展现商品自身的形态、质地、色彩、样式等。

2. 寓意与联想

寓意与联想可以运用部分象形形式，以某一环境、某一情节、某一物件、某一图形、某一人物的形态与情态，唤起消费者的种种联想，产生心灵上的某种沟通与共鸣，以表现商品的种种特性。寓意与联想也可以用抽象几何道具通过平面、立体、色彩的表现来实现。橱窗内的抽象形态同样增强人们对商品个性内涵的感受，不仅能创造出一种崭新的视觉空间，而且具有强烈的时代气息（图3-25）。

图3-25　寓意与联想表现手法

3. 夸张与幽默

合理的夸张将商品的特点和个性中美的因素明显夸大，与其他陈列品形成强烈的对比，强调事物的实质，给人以新颖奇特的心理感受。贴切的幽默通过风趣的情节，把某种需要肯定的事物无限延伸到漫画式的程度，引人发笑，耐人寻味。幽默可以达到出乎意料又在情理之中的艺术效果（图3-26）。

4. 重复与强调

单一的某种元素往往难以形成强大的冲击力，所以可以通过同一元素的复制粘贴来形成阵容、制造一种强度，这么做的目的是强调。我们发现很多品牌在新品展示或者需要强调某一单品的时候会采用这种手法。同时，重复还可以获得秩序感和节奏感（图3-27）。

图3-26　夸张与幽默表现手法

图3-27　重复与强调表现手法

5. 嫁接与替换

嫁接是将看似完全不相干的事物嫁接在一起，却毫无违和感。人们在生活中会养成一些习惯，形成惯性思维，嫁接手法其实就是打破了人们的固有思维，用一种非常规的手法获得关注（图3-28）。

图3-28　嫁接与替换表现手法

6. 演绎与衍生

演绎手法是通过引用品牌Logo、字母组合图案或者品牌最广为人知的经典元素或产品等，强化品牌形象。国外品牌喜欢用Logo中的字母作为原始符号进行设计，如图3-29所示。

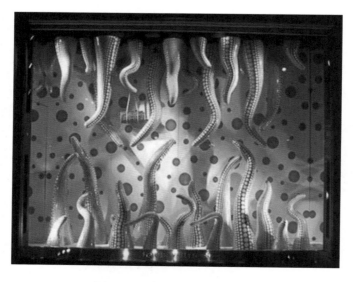

图3-29　演绎与衍生表现手法

7. 场景再现

场景再现可以是自然景观或生活情景的展现，也可以将人们熟悉的电影、童话、小说情节搬到橱窗里来，将陈列的商品融入这种情形中，形成一种浑然天成的感觉，让人看到橱窗时可以立刻置身于橱窗营造的场景中，有一种代入感（图3-30）。

8. 互动体验

通过多感官刺激，利用声、光、动态以及交互的形式，与顾客互动，提升顾客的参与感、体验感，使之与橱窗建立联系，进而对品牌或产品产生好感（图3-31）。

图3-30　场景再现表现手法

图3-31　互动体验表现手法

9. 系列化

橱窗的系列化表现也是一种常见的橱窗广告形式，主要用于同一主题系列的商品陈列，能起到延续和加强视觉形象的作用（图3-32）。

图3-32　系列化表现手法

橱窗设计的表现手法多样，在设计时需要结合实际需求，综合选取、灵活应用。

（三）主题橱窗方案设计的步骤

1. 调研分析

在调研分析阶段，设计师可以通过灵感来源的渠道进行思维拓展，并对灵感来源进行分析和整理，制作灵感板，提炼设计元素。

先找灵感再确定主题，或是先定主题后寻找灵感，没有刻板规定，皆视情况而定。但大多数情况下都会先有一个大概的方向，然后有针对性地去搜集灵感，进行灵感调研，这样主题也会在整个调研的过程中逐渐明晰起来，进而被确定。

2. 确定方案主题

这一环节要在前期调研的基础上，结合品牌特色及商品展示需求，最终确定橱窗主题。做到主题明确、风格鲜明，并且要充分考虑方案的创意性和可行性。

3. 绘制草图

结合橱窗的组合形式、创意表现手法等进行主题橱窗设计方案的构思，绘制多幅草图。

4. 制作主题板

主题板包括橱窗主题、关键词、设计说明、色调图、材料以及局部细节图等，阐述清楚自己的设计思路，进一步深化设计主题。

5. 设计绘制橱窗效果图

设计师使用手绘工具、计算机绘图软件，根据橱窗的条件（大小、尺寸）和设计表达需求，进行整体橱窗空间方案的设计绘制。设计方案需要具备一定的艺术表现力和视觉冲击力，能够有效地烘托商品。橱窗效果图要求制图规范、效果美观。

（四）主题橱窗设计实例

1. 案例——《迷人三原色》

设计师的橱窗设计灵感源于荷兰艺术家蒙德里安的抽象代表作《红、黄、蓝的构成》。蒙德里安的绘画对后世的设计、建筑、家居装饰、服饰等有着很大的影响力，这些在灵感板中都得以体现（图3-33）。

图3-33 《迷人三原色》灵感板

提炼设计元素，逐一运用夸张、重复等多种创意手法绘制草图，进行画面效果的多种尝试，最终对比效果，选出最满意的一个方案继续深化（图3-34）。

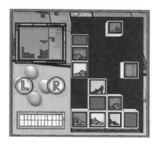

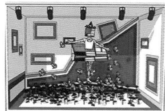

图3-34　《迷人三原色》设计草图

在选定的设计方案中，用白色的背景衬托橱窗中鲜明的色彩，用色块拼接的玻璃盒子替换人形模特的头部，玻璃制成的盒子内放着店铺的商品也令人意想不到，打破常规思维，吸引人们的视线，且与橱窗内其他盒子道具相呼应，构成一个有机的整体（图3-35）。

2. 案例——《粽香绣》

设计师的橱窗设计灵感源于香囊上的刺绣图案与服饰手工艺，体现了中国悠久的传统文化。经过搜寻灵感、发散思维、绘制草图等一系列设计准备，最终采用联想法进行设计表现（图3-36~图3-38）。

3. 案例——《"运"律》

案例来自第一届全国职业院校学生服装商品展示技术技能大赛获奖作品。学生抽到的产品是运动装，创作灵感源于素材库中的树叶和音符。需要在有限的时间内制作主题板、绘制效果图、制作实体橱窗。本设计最有特色的地方在于以纸代"叶"，利用纸的特性进行弯曲、扭转、飞扬，像一片片飞扬的树叶，富有动感，呼应了服装主题。缤纷的色彩在简洁的白色空间内交织跃动，丰富了画面效果。音符元素经加粗变形，演变成品牌的Logo，整体效果简约而不简单（图3-39）。

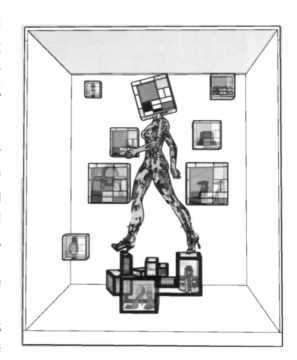

图3-35　《迷人三原色》设计方案

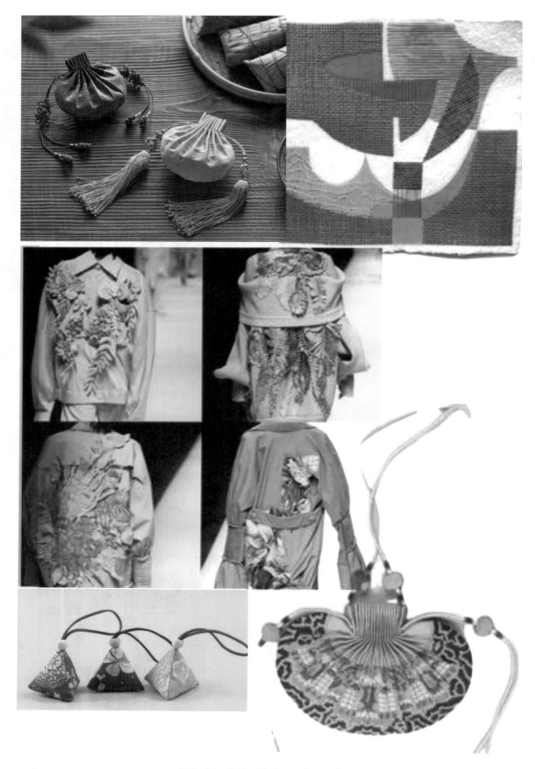

图3-36 《粽香绣》设计灵感来源

图3-37　《粽香绣》设计草图

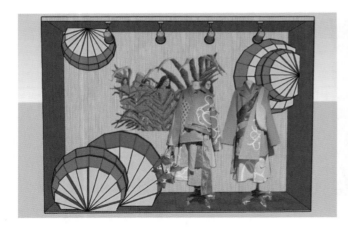

图3-38 《粽香绣》设计方案

图3-39 《"运"律》

大赛其他优秀案例欣赏如图3-40~图3-49所示。

图3-40 《觉醒力量》

图3-41 《星球》

图3-42 《蝶·礼》

图3-43 《舞蹈梦》

图3-44 《时尚》

图3-45 《时空隧道》

图3-46 《间空》

图3-47 《错位空间》

图3-48 《光随影动》

图3-49 《与疫同行，与美同行》

【任务实施】

（1）根据某品牌的服装企划，小组确定出橱窗所要陈列的服装，根据陈列的服装确定橱窗整体色彩和橱窗陈列设计构思（图3-50）。

任务要求：

①了解橱窗设计的要素。

②了解橱窗陈列风格与橱窗要素关系。

PETRICHOR

灵感来源

热带雨林一向给人以生机勃勃、
清新放松的美好感觉。

设计构思

本季橱窗以热带雨林为主题，悬垂各种
大小不一的泡泡，烘托大自然的美好气氛，
让身处城市的人们可以在此获得大自然的治愈。

色卡

R:48 G:132 B:125

R:50 G:186 B:158

R:72 G:127 B:96

图3-50　灵感来源设计构思

（2）根据灵感来源设计构思，确定橱窗的风格定位（图3-51）。

Petrichor

petri：石头

ichor：神的血液（雨）

两个希腊词根拼合=petrichor，
用来指初降雨后，空气中泥土的气息。
对于深居"水泥森林"的现代人来说，
空气中泥土的气息已成了快节奏生活
与压力下的小小慰藉，
因而找了这两个希腊词根来指称。

PETRICHOR

品牌释义

风格定位

消费群体：20~30岁的年轻女性，
价位：中高档

petrichor追求的是一种
不需要任何修饰的、原始的
自然之美，植物印花图案与
简洁休闲的裁剪廓形，更能呈现
出清新优雅的年轻活力。

简约
田园　　甜美
休闲　　清新
优雅

图3-51　橱窗风格定位

任务要求：

①了解橱窗陈列风格与橱窗要素关系。

②了解橱窗风格定位。

（3）通过使用Photoshop软件，将确定的陈列风格和橱窗要素二维表现处理，注意整体视觉规划（图3-52）。

任务要求：

①分解任务，明确任务目标，团队协作。

②完成整体橱窗二维效果图制作。

图3-52　橱窗效果图

【任务评价】

任务评价考核表如表3-1所示。

表3-1　任务评价考核表

评分任务	分值 （总分100）	评价	评分标准
创新创意	30		59~0分：与形成性考核任务要求不一致 69~60分：基本符合任务要求，整体任务视觉呈现美观度欠佳
橱窗整体效果	40		79~70分：符合任务要求，整体任务视觉呈现美观度一般
橱窗设计完整程度	10		89~80分：符合任务要求，整体任务视觉呈现效果较好 100~90分：符合任务要求，整体任务视觉呈现效果好
素质评价	20		5~1分：任务实施流程不符合职业规范 7~6分：任务实施流程基本符合职业规范，有一定的团队合作精神 10~8分：任务实施流程符合职业规范，有团队合作精神

任务二 橱窗道具开发

【任务导入】

请根据橱窗主题及需求选用合适的橱窗道具材料并进行道具开发。

◆ 知识目标

1. 了解橱窗道具的作用与意义。
2. 掌握橱窗道具材料的种类及表现特点。
3. 了解道具开发预算的内容。

◆ 技能目标

1. 能够基于品牌定位和主题需求合理选择人形模特和道具类型。
2. 能够根据橱窗主题进行相关道具的创意设计。
3. 能够结合不同材料特性进行道具的开发与制作。

◆ 素质目标

1. 具备吃苦耐劳精神和团队协作精神。
2. 具备设计与市场结合的意识。
3. 具有理论联系实际的工作作风和科学严谨的工作态度。

【知识学习】

一、橱窗道具认知

（一）橱窗道具与橱窗陈列的关系

橱窗陈列作为一种视觉营销方式，通过运用道具、人形模特、灯光等实体要素，结合主题、创意及趋势等设计手法，进行品牌宣传和产品推广。

橱窗是顾客关注度和进店率的第一"磁石点"，而橱窗道具作为橱窗陈列的重要组成部分，扮演着极其重要的角色。在橱窗设计中，通过道具的造型、色彩、材质、肌理等诸多要素营造橱窗气氛，道具的位置、构图、排列、摆放，产生一种有节奏的律动感，突显视觉效果，甚至刺激消费者的多重感官，满足消费者多层次的心理需求。

需要注意的是，道具并非独立存在，它与橱窗中的其他元素组合在一起才是一个和谐的整体，所以橱窗道具的开发工作并非只是单纯进行道具单体的设计，而是要将道具设计与整体橱窗设计、道具与人形模特甚至与外界环境结合起来分析和思考（图3-53）。

橱窗道具开发是橱窗设计过程的重要一环，直接考验着服装陈列师的艺术素养。想要出

图3-53　道具陈列的律动感

色地完成橱窗道具的开发工作，首先要熟知橱窗道具材料的种类及特性，能够基于品牌定位和设计需求进行道具的合理选择；其次要能够根据创作主题进行相关道具的设计与制作，并能够完成橱窗道具开发预算等工作。

（二）橱窗道具运用的目的

（1）橱窗道具能够与橱窗中其他的元素相互配合，布局构建艺术场景，烘托空间意境，实现设计者的构思，加强视觉冲击力，使橱窗具有可看性。

（2）橱窗道具的造型语言、空间布局及其材质与肌理，能够体现橱窗的形式美感。

（3）橱窗道具能够装饰、衬托橱窗所展示的服饰产品，提高其质感与档次。

（4）必要时橱窗道具可以作为主体通过某种形式直接传递销售信息，如折扣促销信息，或诠释品牌精神，强调品牌文化特性，使消费者对品牌产生认同感。如图3-54中英国伦敦的Diesel Village橱窗设计，用不锈钢做成大小不一的"小窗户"，内设灯箱片，张贴着记录了店面的各种"大事件"的小幅海报，包括音乐演出、时尚展出和绘画艺术展等。

图3-54　通过橱窗道具诠释品牌精神

（5）橱窗道具的故事性与趣味性可以引起消费者的兴趣，激发消费者的购买欲望，从而引导消费者进店浏览、消费，进而达到视觉营销的目的。

（6）橱窗道具可以烘托节日气氛，表现季节更替，将品牌产品融入生活，增加亲切感。

（7）橱窗道具可以为服装陈列师创造更多的可供发挥的空间。

（三）橱窗道具的类型与特点

根据道具的作用和用途，橱窗道具大致可分为装饰性道具、功能性道具和宣传类道具三种。

1. 装饰性道具

装饰性道具如镜子、花草、墙面覆盖物、悬挂物、帘幕等，还有几何造型类道具如圆柱体、球体等。这类道具品种繁多，作用是衬托、点缀主体商品，提高其艺术美感；突出服饰品的设计主题、色彩、款式、质地，营造出与服饰风格相关联的空间环境，引导消费者产生联想，从而了解商品定位。

图3-55　功能性道具

2. 功能性道具

功能性道具也可以理解为展示性道具，如人形模特、面板、展架、展柜及组合展示台等，作为展示商品的支撑物，使商品能够更好地在橱窗中展示。比如组合展示台，优点是组合形式丰富多样，空间分割灵活，易搭易拆、便于调整、替换容易，大大缩短加工周期，材料可以反复使用，因此平均成本较低；缺点是容易雷同、不易突出个性（图3-55）。

3. 宣传类道具

如展板、图架、图框、灯箱、海报等，主要用于宣传最新流行商品、节庆打折促销活动、显示价格策略等，将商品信息传递给顾客，吸引顾客进店。

二、橱窗道具的材料

材料是橱窗道具开发的物质基础，道具是材料的物化成果。千变万化的材料，使道具设计拥有层次与质感。科技创新日新月异，橱窗道具可选用的材料种类也日渐增多，材料的多样性不断丰富着橱窗道具的设计语言。橱窗可以借助道具向我们传递情感态度价值观，表达人类与自然的亲疏关系，反映当下社会的流行趋势以及对未来世界的猜想等。

（一）道具材料种类

关于橱窗道具的选用材料，可以从以下六种角度进行分类、分析，从而帮助我们对材料建立全方位认知。

1. 从来源角度看材料

人类使用材料的历史可以追溯到远古时期，先后经历了石器时代、青铜器时代和铁器时代。20世纪初，随着物理和化学等科学理论在材料技术中的应用，出现了材料科学，在此基础上，人类开始了人工合成材料的新阶段。根据材料的来源，将材料分为自然材料和人工材料两大类。

（1）自然材料指天然存在的各种材料，包括石头、木材、竹子、藤蔓、果实、花卉、草叶、根茎、皮革、贝壳、泥土等。自然材料给人天然、质朴、野趣的感受，有较强的亲和力（图3-56）。

图3-56　自然材料道具

（2）人工材料指经人工合成或制造的各种材料，如纸张、金属、织物、纤维、塑料、亚克力、玻璃、镜子、泡沫、橡胶、石膏、陶瓷、涂料油漆等。随着智能材料的研究取得重大进展，吸引人们注意的智能材料，如形状记忆合金、光致变色玻璃等也越来越多地被应用。新技术和新材料能够在一定程度上推动橱窗陈列的发展。人工材料给人理性、时尚、新奇的感受，有较强的现代感和科技感（图3-57）。

图3-57　人工材料道具

2. 从质感角度看材料

质感是材料表面各个可视属性的结合，包括材料的色彩、纹理、光滑度、透明度、反射率、折射率、发光度等。材料的质感是通过产品表面特征给人以视觉和触觉的感受，以及心理联想和象征意义。

材料的质感和肌理是材料在橱窗道具开发中的运用重点，可以帮助设计师对橱窗道具进行更加个性化的艺术处理，也有助于我们根据道具设计方案选择和搭配适宜的材料。

不同的材料有不同的质感，可以表达不同的意境，要根据不同材质的物体所具有的视觉特征，如亮与暗、粗与细、软与硬、凹与凸、光滑与粗糙、透明与不透明等来进行对比与设计表现。通过多种材料质感的对比和组合，可以增强空间设计的表现力，营造出丰富的层次和变化。如纺织材料给人亲切、柔和的感觉；金属材料给人硬朗、强势、冷峻的感觉；透明类材料如玻璃、亚克力等，给人轻盈、跳跃的感觉；木质材料给人古朴、雅致的感觉；陶土材料给人浑厚、沉稳的感觉；皮质材料给人奢华、高档的感觉等。材料质感的心理联想及性能参见表3-2。

表3-2　材料质感的心理联想及性能

材料	质感/肌理	心理联想/象征意义	性能
木头	具有天然形成的木纹理，色泽柔和、温润，有些木种具有丝绸般的光泽	淳朴、厚重、自然、友好、包容、有亲和力	有韧性，好加工，相对易开裂
竹子、藤条	质地坚韧、轻巧，触感平滑、清爽	朴素、清新、自然	韧性强，调节温度，吸音隔音
金属	金刚光泽，高反光，质地坚硬，触感冰冷、光滑、锋利	时尚感、现代感、理性、冷漠、速度	硬度高，耐磨
玻璃	玻璃光泽，晶莹剔透，透明至半透明，环境色丰富	时尚感、梦幻、奢华、空间感	耐高温，耐腐蚀，易碎
塑料、亚克力	光泽相对柔和，质地轻、透	时尚感、现代感、简单、相对档次较低	透光性好，硬度较高，成本低，可塑性强，抗氧化，抗腐蚀，着色性好
面料	棉质亲肤柔软，麻质清爽挺括、丝质爽滑飘逸、富有光泽，绒质丰盈饱满有弹性	自然田园、古朴素雅、高贵优雅、细腻温暖	轻薄柔软，耐热性好，透气性佳
毛皮、皮革	细腻、柔软，手感舒适	雍容华贵、高档华丽	结实耐用，保暖性好，透气性佳
石材	坚硬、清凉、沉重	自然、气派、威严、典雅	耐火，耐腐蚀，持久，抗压
……	……	……	……

天然材料有自身的组织结构形成的质感，人工材料有人为组织设计而形成的质感。材料

本身的质感是可以通过加工手段而变化的，并非一成不变，如金属表面可以处理成光滑镜面的，也可处理成拉丝哑光的，纸张表面经过涂层处理后可以做成玻璃纸、电光纸等高反光的质感等。

在视觉效果的呈现中色彩与材质之间的关系处理是很重要的，材质既是色彩的物质载体，又是影响色彩表现的因素。因质地不同，对光线的吸收与反射不同而形成各自的固有色，也会因光源色与环境色的影响而形成独特的色彩关系。

另外，材料质感与灯光的关系非常紧密。质感的表现要依赖光源，橱窗除了自然光，还需要配备灯光照明，通过人为的光线配置表现商品质感，但要注意背景和道具材质的选择和衬托，注意主体和陪衬的关系，不可顾此失彼。优秀的灯光设计可以让色彩、材质或是造型的设计得到最大程度的完美呈现。

总之，想要更好地表现质感，需要先了解材质，准确地把握材质的特征才能将材质用在合适的位置，使道具的效果发挥得淋漓尽致。

3. 从形状角度看材料

根据材料的形状，可以分为点状材料、线状材料、面状材料、块状材料等。

（1）点状材料。珠粒、钉、扣、气眼、螺丝、玻璃球、果实、花卉等。

（2）线状材料。鱼线、金属丝、麻绳、毛线、皮筋、条带、管子、树枝木棒、荧光棒、灯管等。如图3-58所示，波兰的一家名为TCHIBO零售店的橱窗以钟表为展示主题，用纸管叠搭起基本框架，将电子表嵌入其中，层次感很强，整个窗口呈现出一个巨大的钟表，既醒目又有创意。

图3-58　线状材料道具

（3）面状材料。KT板、雪弗板、卡纸、彩纸、瓦楞纸、宣纸、报纸、即时贴、金属板、面料、玻璃、镜子、画布等。其中，纸材的可塑性非常强，基本上能实现各种风格，既能表现小清新或摩登感，又能塑造复古风。在众多运用纸材的奢侈品牌橱窗中，爱马仕的橱窗令人难忘（图3-59）。

（4）块状材料。石膏体、石材、砖头、混凝土、木块、泥块等（图3-60）。

图3-59　面状材料道具

图3-60　块状材料道具

4. 从固有形态角度看材料

根据材料的固有形态可分为有形材料和无形材料两大类。

（1）有形材料指有一定自身形态的材料，如金属、木材、纸材等。

（2）无形材料指可随外界因素改变形状的材料，如液体、粉末、细沙等。它们可随着盛载容器的不同而产生不同的形状，可根据需要塑造成各种形状（图3-61）。

图3-61　无形材料道具

5. 根据道具的新旧程度分类

根据道具材料的新旧程度，可分为新制物品和废旧物品两类。

橱窗道具大部分是根据主题构思设计制作的"新品"。有时为了表现某种特定的感情，也会特意把材料进行做旧处理。图3-62所示的橱窗在材料上运用了铜质横梁、生锈的钢材、石灰石以及锈迹斑斑的铁制品，拼凑出一个建筑场景以加强表现力。

图3-62　做旧材料道具

受到当今资源危机影响，倡导绿色环保已成为一个重要的社会议题。废旧材料的使用成为设计界关注的热点，废旧物品也应用于橱窗道具中，引发人们的反思。废弃的报纸、木材、电线、光盘等，几乎任何想得到的生活用品稍加改造设计，都可重新成为富有生命力的道具材料。图3-63所示的巴黎春天百货的橱窗，通过手工制造了一组由汽水瓶盖串成的花帘装置。

图3-63　环保意义道具

倡导资源循环再利用，再生性材料的研发利用为设计增添了一抹绿色，这也将成为未来橱窗道具材料的一种发展趋势。服装陈列师可借助陈旧的、二手的、废弃的材料进行道具的造型尝试。这样做的优点有：①拿废旧回收材料做橱窗道具，可以大大降低制作成本。②用来自生活的废旧材料设计制作橱窗道具容易与顾客产生共鸣，因为人们对这些物品熟悉且有感情。③循环利用，保护资源，一个具有环保意识的品牌或橱窗在当前的市场环境中更容易得到顾客的认同。

6. 从动静形式的角度看材料

根据道具的动静形式，可以分为静态展示道具和动态展示道具两类。

道具的静态展示是传统橱窗陈列最常见的方式，其稳定性好，能够进行全方位、多层次的展示，道具的质感给人的感觉真实且富有变化。

如果道具是动态的、运动着的，它能够直接或者间接和消费者产生关联，对营造环境和塑造人物整体服饰形象起到不可替代的效果。当今消费者购物已不再仅满足于单纯的购买商品，他们越来越注重购物过程中的视觉展示和消费体验。动态橱窗利用了人眼的"视觉暂留"效应，在一定程度上比静态的展示更容易吸引人们的目光，也为品牌的窗口注入了更多信息，同时使整个设计更容易阅读和理解。

东京爱马仕（Hermes）店的这组橱窗是动态橱窗的经典之作。为了展示丝巾的轻盈，日本著名设计师吉冈德仁设计了一组动态的展示装置，他将一条丝巾悬挂在橱窗内，后方放置了一个动画显示屏，配合器械鼓风效果，丝巾会跟随视频中人像吹气的场景随风飘起（图3-64）。

图3-64　动态橱窗优秀案例

灯片通过闪动达到橱窗的动画效果，这种材料超薄平整，发光柔和、稳定，没有闪烁感，不含紫外线，不产生热量，能耗低，成了橱窗重要的道具材料之一。而多媒体互动橱窗把音乐、艺术以及科技多者结合起来，设计出花样互动式橱窗道具装置，可以最大限度地调动人的多种感官。

　　此外，我们还应该思考道具材料自身形态转换的可能性。比如水是液态的，静态很难体现其质感，用动态方法才能表达出流动的感觉。

（二）橱窗道具选材的基本原则

　　1. 要能够充分表现橱窗设计主题

　　深入挖掘所选材料质感与特性是为了使材料能够充分表达橱窗的主题和设计构思。材料的光泽、肌理、厚薄、软硬、疏密、干湿、透明与否、有无弹性、有无磁性等特性是道具表达的语言，为橱窗赋予了不同的视觉和心理效应，会直接影响到橱窗的最终展示效果。所以我们需要根据设计需求来选择适合的材料。

　　2. 要与品牌产品定位相匹配

　　品牌有自己的产品定位和目标受众群体，消费心理学是品牌研究的重点之一。同理，在了解消费者的内心需求和习惯偏好后进行的材料设计与选择，能够让橱窗快速有效地吸引消费者的注意。一般来说，道具的材质风格应该与整体产品的档次风格保持一致。

　　3. 要综合材料的制作工艺

　　道具材料的制作工艺有编织、缠绕、染缬、雕刻、镂空、切割、焊接、拼贴、黏合、折叠、褶皱、填充、缝制、刺绣、拓印、手绘、喷绘、印染、3D打印等，以及一系列材料表面处理工艺，如氧化、做旧等。每种材料都有其最适合的加工方式，或者说正确的加工方式最能表现出材料的个性与美感。

　　4. 要考虑环境及空间条件

　　橱窗从位置上分为店头橱窗和店内橱窗；从装修形式上分为通透式、半通透式和封闭式橱窗；从尺寸上分为大、中、小型橱窗。可见道具所处的橱窗环境和空间尺度是不同的，因此，道具的材料选择要综合考虑多种影响因素，比如温湿度条件、灯光布置等。

　　5. 要对接当下潮流趋势

　　时尚流行趋势每年由各专业流行趋势机构发布，每年两次发布次季的春夏和秋冬的流行趋势，通常分为多个主题，每个主题都有其鲜明的特点，包括格调、色彩、质地和款式等元素。橱窗道具设计可以将流行趋势中的某些元素进行提炼，以使其与橱窗整体流行趋势相辅相成。

　　此外，全球的政治经济、文化价值、社会事件等也为橱窗设计及道具开发提供了许多创作灵感。

　　6. 要符合橱窗道具开发预算要求

　　橱窗道具有市场采购、道具工厂定制、DIY制作、旧道具再加工等获得方式。奢侈品品牌在橱窗预算方面投入往往较高，而一些快时尚品牌因为其产品的价格定位，所以在橱窗陈列方面的预算是有限的。因此，道具选材要符合公司或品牌的实际情况，符合其橱窗道具开发的预算要求。

　　此外，在材料的选择过程中，设计师还需要考虑道具的形式美感、造型特点、功能性和成品出样时长等因素。

（三）橱窗道具开发预算

随着时尚的发展，橱窗设计对品牌和产品的宣传效应日渐显著，品牌对橱窗设计的需求也愈发迫切。橱窗道具作为橱窗陈列的要素之一，在橱窗资金投入中占有重要比例，而橱窗道具的开发往往受品牌定位的影响，在预算方面差异较大。橱窗制作之前，要完成道具材料的准备工作，根据预算制定采购计划。

每家企业都有严格的年度成本控制要求，橱窗道具的制作成本是有限的，所以制定橱窗道具预算是橱窗道具开发的必要环节。作为陈列设计师，必须在头脑中树立成本意识。

1. 橱窗道具开发预算的必要性

（1）对预算进行分类管理，及时掌握资金支出情况。

（2）管控物料的使用情况，以免储备过多形成库存积压浪费，以及储备不足难以满足制作需求。

（3）做好记录、留存，便于逐渐形成有经验性和指导性的工作资料。

（4）道具预算是橱窗预算的分解细化，合理确定项目设计方案、合理安排项目经费、规范使用项目经费以及进行统筹管理，是道具开发的经济保证。

（5）资金预算合理，使资金得到有效利用，能够有效保障道具开发制作的顺利实施，保证橱窗的展示效果。

2. 橱窗道具开发预算的内容

橱窗陈列预算一般分为年度预算和一次性项目预算两种。预算内容包括物料类别、名称、规格、单位、数量、单价、总价、人工费用、运输及其他费用支出等。一般以表格形式呈现，在编制预算的过程中会用到Excel表格，适当地学习一些Excel技能，能够提高预算设计的效率。比如材料使用量通过任务管理器工具以进度条形式显示，这样做既能掌握材料的使用情况，又能及时提醒相关人员在物料不足时进行补充。

需要注意的是，预算时要将必要产生的损耗计算在内，主要材料耗用预算=主要材料实际价格×计划耗用量。

道具开发涉及的物料种类繁多，为避免预算价格偏离市场价格，要提前与物料提供商联系，了解材料新近市场价格。道具开发预算编制完成后也要反复核对，以免因错误或遗漏导致工期迟滞。

（四）节约道具开发成本的方法

1. 提高创意研发水平

创意是降低成本最有效的途径。通过设计师天马行空的想象力，对材料特性和表达形式不厌其烦地探索，让道具发挥最大的效用，打造橱窗绝妙的视觉效果。如图3-65中爱马仕男装店的橱窗，运用了镜子和多组块体的道具，如同变戏法般将一个服装模特重复变成视觉上的一排模特群，同时使整个橱窗具有空间延伸感，像"万花筒"一样极具视觉冲击力。

2. 提高工艺制作水平

成本既包括物料成本还包括人工成本。物料损失一部分原因是制作者操作不当、制作工艺不娴熟造成的。要加强岗位操作技能培训，树立成本意识。通过增强人工动手能力、提高成品率，就能有效节约材料。

图3-65 创意研发节约道具成本

3. 提高道具重复利用率

在更换橱窗时道具也随之撤掉，不再使用，这样会造成浪费。如果道具开发成本有限，可以通过改造、重组等方法对道具进行重复利用。除此之外，与主要材料供应商进行战略合作，也可以降低采购成本。

三、橱窗道具开发

（一）橱窗道具开发流程

橱窗道具开发流程如图3-66所示。

（二）橱窗道具设计与制作

橱窗常用道具的材质多种多样，商业橱窗经常用到的有纸类、面料类、木材类、金属类、玻璃、亚克力类、油漆涂料类、石材砖类等。

1. 纸类道具设计制作

由于纸类材质成本较低，造型变化多端，其应用范围比较广。但纸类材质有比较轻薄，无法承重等弱点，所以在橱窗道具设计中多用作装饰性道具（图3-67）。

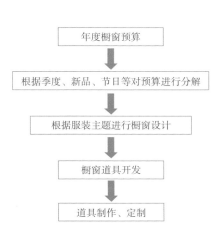

年度橱窗预算

根据季度、新品、节日等对预算进行分解

根据服装主题进行橱窗设计

橱窗道具开发

道具制作、定制

图3-66 橱窗道具开发流程

图3-67　纸类道具设计制作

图3-68　纸类道具案例赏析1

（1）案例赏析1（图3-68）。

设计理念：自由之翼。

制作步骤：

①选择购买合适的彩纸。

②用剪刀把彩纸剪成羽毛的形状。

③在橱窗背景墙上画出翅膀的造型并作好辅助线。

④把羽毛状的彩纸按照翅膀形状贴在墙上（注意色彩渐变）。

（2）案例赏析2（图3-69）。

设计理念：传统泼墨画法。

图3-69　纸类道具案例赏析2

制作步骤（图3-70）：

①购买白色软纸和黄色色粉。

②把白色软纸裁剪制作成不同大小的花朵。

③在白色花朵上面不规则地撒上黄色色粉。

④花蕊部分增加色粉厚度。

⑤完成不同大小的花朵制作。

⑥购买白色大张卡纸和墨水。

⑦用胶把白色卡纸粘成橱窗背景大小的尺寸。

⑧用墨水喷涂形成自然的枝干造型。

⑨把之前制作好的花朵贴在合适的位置上。

图3-70　纸类道具案例赏析2制作步骤

（3）案例赏析3（图3-71）。

设计理念：国庆节的橱窗设计，喜气洋洋，富有生机。

图3-71　纸类道具案例赏析3

制作步骤（图3-72）：

①彩色卡纸剪成大小不同的长条状，裹成筒状。

②剪成高度不同的小圆筒，完成炮筒制作，将褶皱纸剪成条状。

③颜色搭配，试样，完成烟花制作。

④把彩纸缠裹在棍子上完成挂衣杆制作。

⑤将海报贴在纸箱上制作展示台，把各组道具合理搭配，完成制作。

图3-72　纸类道具案例赏析3制作步骤

（4）案例赏析4（图3-73）。

设计理念：采用厚度不均的纸板、硬卡纸等道具制作齿轮，用能代表时间的齿轮作为重要的橱窗道具，给人齿轮间相互重叠转动的错觉。橱窗中通过极简线条和绮丽色彩的运用，构建了一组时间齿轮穿梭的物象，给人一种品牌沉淀的感觉。

图3-73　纸类道具案例赏析4

（5）纸类道具设计制作相关案例展示如图3-74所示。

图3-74　纸类道具设计制作案例展示

2.面料类道具设计制作

面料类也是常用道具材料之一，经常用在软装搭配设计方面。由于面料柔软不能承重，所以面料常作为地毯、窗帘、背景板等道具，也可以通过各种工艺与其他材料混合使用，或对成品面料进行二次设计与工艺处理，达到令人耳目一新的效果。

（1）案例赏析1（图3-75）。

设计理念：以非物质文化遗产等手工艺品为主，利用中国传统印染工艺扎染技术，进行大面积的扎染拼接，形成引人注目的视觉效果。

制作步骤：

①准备 30cm×30cm的白坯布。

②分色彩进行扎染。

③分图案进行扎染、晾干、缝纫、悬挂。

图3-75　面料类道具案例赏析1

（2）案例赏析2（图3-76）。

设计理念：将中国风融入了橱窗，结合线材的编织工艺和面料的折叠技艺，展现出一个别出心裁和富有雅趣的橱窗。橱窗整体色彩采用靛蓝色，如秋的皓月一样，缥缈、优雅、神秘。

准备工具：布、剪刀、铁丝、麻绳、木棍、热熔胶、线、绣球花干花。

图3-76　面料类道具案例赏析2

制作步骤：

①制作树，将铁丝几根为一组，弯曲成树枝的形状，用麻绳包裹好树枝的表面，将干花用热熔胶粘上即可。

②编织挂饰，准备小木棍，将线固定上去，进行卷结的编织，木棍连接处用麻绳包好即可。

③用布作为橱窗墙纸，每一面都包好。

④组装。

（3）案例赏析3（图3-77）。

设计理念：以现代解构手法，用各种色彩面料包裹的矩形、菱形、圆形分割橱窗视角，前后叠加，再配以红色地毯和背景布，使橱窗更具有空间感。

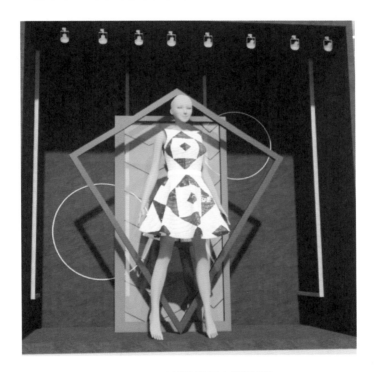

图3-77 面料类道具案例赏析3

3. 木材类道具设计

木材也是常用道具元素之一，经常用作展示台、展示柜、展示架等，起到搁置服饰品的作用。橱窗地面和背景也常用装饰木板做背景，木材还可用作创意类道具设计（图3-78）。

（1）案例赏析1（图3-79）。

设计理念：大自然的每一个领域都是美妙绝伦的，人们从征服自然到敬畏自然，因此对于自然我们要在利用的同时对它进行保护。利用废弃的各种原木，对其进行切割拼接而成，整个橱窗体现返璞归真的意境。

制作步骤：

①准备所需要的材料线和木棍。

②将木棍裁成需要的长度然后打磨。

图3-78　木材类道具设计

图3-79　木材类道具案例赏析1

③将准备好的线均匀缠绕在木棍上。

④组合缠绕好的各个道具，开始组装橱窗。

⑤组装完成，成品展示。

（2）案例赏析2（图3-80）。

设计理念：环游太空。

设计说明：灵感来自太空飞船，采用黑白色调搭配，风格简约时尚。

设计耗材：木板、油漆、木龙骨等。

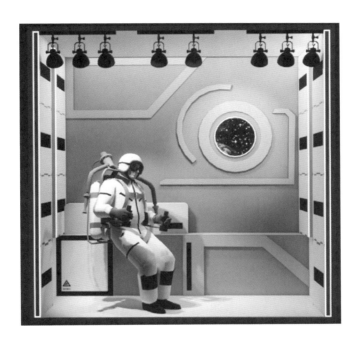

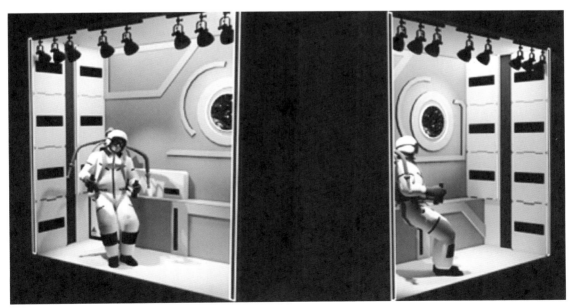

图3-80　木材类道具案例赏析2

（3）木材类道具设计相关案例展示如图3-81所示。

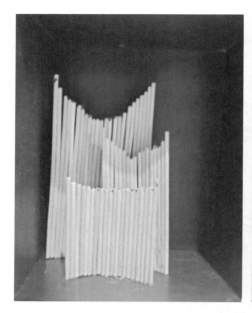

图3-81　木材类道具设计制作案例展示

4. 金属类道具设计

金属由于具有稳定性、承重性、可变性、耐磨性、耐腐蚀性等特征，目前已经被广泛应用在橱窗道具设计中。金属展示陈列道具的表现方式主要包括喷涂、电镀、氧化、焊接等，也可以与其他材质综合运用（图3-82）。

（1）案例赏析1（图3-83）。

设计理念：变迁。对各种金属材料进行推衍，新的金属器材一般代表着时代的进步，新时代的到来。设计师联想到在时代进步的过程中所淘汰的东西，新时代与旧时代的连接，就形成了"变迁"。

使用材料：金属棍、铁丝、电路零件等。

制作步骤：

①用黏土将金属棍在橱窗顶部固定成S型。

②将电路零件粘贴在背景墙上。

③将铁丝、黏土做成想要的形状。

图3-82　金属类道具设计

图3-83　金属类道具案例赏析1

图3-84　金属类道具案例赏析2

（2）案例赏析2（图3-84）。

设计理念：木制物品给人的第一印象是沉稳庄重，本次的设计理念跳出这一固定思维，给人一种未来感、科技感。于是设计师联想到未来科技的重要部分"集成板"，产生了本次设计主题——集成板。

使用材料：木板、电路板等。

制作步骤：

①将木板切割成需要的大小。

②将裁好的木板拼装成集成板作为背景，粘连电路板。

（3）案例赏析3（图3-85）。

设计理念：运用不锈钢材质钢管打造解构空间，灰黑色调给人以工业文明的沉思。

图3-85　金属类道具案例赏析3

5. 玻璃、亚克力类道具设计制作

玻璃、亚克力类材质具有非常高的通透性，常用作橱窗的表面装饰，与顾客进行近距离的信息接触。常用的表现方式有破裂、涂饰、异形处理等（图3-86）。

案例赏析如图3-87所示。

设计理念：通过切割排列亚克力板，画面看起来有张力和空间感。背景的三角形使画面有重心，主要运用无彩色调，大面积运用黑白配色，看起来简约高级。亚克力的颜色也可通过灯光任意调色。

图3-86　玻璃、亚克力类道具设计

图3-87　亚克力类道具案例赏析

6. 油漆涂料类道具设计制作

油漆涂料类经常用作背景墙和地面的喷刷，可以是同色调，也可以是撞色调；可以是纯色喷涂，也可以是创意图案喷涂。

（1）案例赏析1（图3-88）。

设计理念：当绚丽的色彩和抽象的画作碰撞在一起是什么样的体验，会不会是一个让人惊叹的作品？设计师带着疑问创作了这个作品。

图3-88　油漆涂料类道具案例赏析1

制作步骤（图3-89）：

①找五块泡沫板。

②在最大的一块泡沫板上画画，选择一个有趣的画作，用颜料画出来。

③四周的背景采用撞色拼接的色彩搭配，让整个作品都是一个色系。

④在下面的那块泡沫板上铺一些小石头作点缀。

图3-89　油漆涂料类道具案例赏析1制作步骤

（2）案例赏析2（图3-90）。

设计理念：轻奢时尚，简约大气，经典黑白搭配。所有立体展柜都由胶合板拼装刷漆而成，环保轻便。为了使橱窗更有空间感，采用了镂空设计。所有结构设计都是方方正正的，展现了女性刚硬冷淡的一面，而背景海报又运用紫色与蓝色调，展现了女性妩媚与神秘的一面。

图3-90　油漆涂料类道具案例赏析2

7. 石材砖类道具设计制作

石材中的大理石经常用在橱窗中表达简约的品牌风格，其他种类石材可以根据不同的品牌表达冷酷或温馨的风格（图3-91）。

8. 竹、藤、绳类道具设计制作

编织技巧也经常用在橱窗道具制作中，常用的竹、藤、绳等都有应用成功的案例（图3-92、图3-93）。

图3-91　石材砖类道具设计

图3-92　竹、藤类道具设计

图3-93　绳类道具设计

9. 喷绘、皮革、塑料类道具设计制作

设计理念：运用皮革材质，采用数码喷绘，打造干净简约空间（图3-94~图3-96）。

图3-94　喷绘类道具设计

图3-95　塑料类道具设计

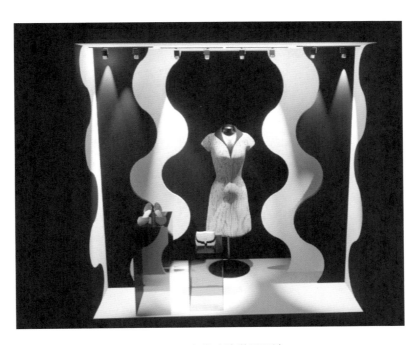

图3-96　皮革喷绘道具设计

10. 仿真花、草、动物类道具设计制作

仿真花、草、动物类道具设计制作案例如图3-97、图3-98所示。

图3-97　仿真花、草、动物类道具设计

图3-98　仿真类道具设计

11. 高科技、多媒体综合类道具设计制作

高科技、多媒体综合类道具设计制作如图3-99、图3-100所示。

图3-99　高科技、多媒体类道具设计

图3-100　综合类道具设计

【任务实施】

（1）请根据图3-101所示的橱窗效果图，设计并且制作出相关道具。

主题：圆月之夜。

色彩：中国蓝、橘红、柠檬黄、宝石绿。

材料建议：亚克力、PVC板、铁丝、颜料。

要求：道具边缘光滑，相关道具色彩上色准确，道具尺寸符合真实比例。

图3-101 《圆月之夜》橱窗效果图

（2）请根据图3-102所示的橱窗效果图，设计并且制作出相关道具。

主题：海洋奇缘。

色彩：蓝色、黄色、橙色。

材料建议：雪弗板。

要求：用雪弗板做成小鱼形状，用鱼线穿起来，吊起来形成游动鱼群的形状。雪弗板切割成拱门当作吸引眼球的重点，用向两边散开的圆形气泡作点缀。

图3-102 《海洋奇缘》橱窗效果图

（3）请根据图3-103所示的橱窗效果图，设计并且制作出相关道具。

主题：简单几何。

色彩：绿色、橙色。

材料建议：圆木棍、木板、卡纸。

要求：木板上色均匀，圆木棍高度合理，异形小展台制作工整，卡纸上色做成干花形状。

图3-103 《简单几何》橱窗效果图

任务三 橱窗制作与实施

【任务导入】

根据橱窗陈列标准手册和橱窗制作的步骤了解橱窗安装的标准及规范。

◆ 知识目标

1. 掌握橱窗设计的制作步骤及要素。
2. 掌握橱窗要素道具的整理、服饰的搭配、橱窗空间的整理。
3. 掌握实际操作过程中橱窗安装的规范标准。

◆ 技能目标

1. 能够识别各类橱窗、掌握橱窗制作的流程及主题商品的陈列手法。
2. 能够根据目标品牌要求，完成主题橱窗的方案设计、橱窗制作的步骤与规范、橱窗道具设计制作。
3. 能够依据橱窗陈列手册的规范及橱窗制作步骤进行道具的组合安装。

◆ 素质目标

1. 具有良好的沟通协调能力及精益求精的工匠精神。

2. 具有理论联系实际的工作作风和科学严谨的工作态度。

3. 遵守行业标准规范，增强职业意识，恪守职业道德。

【知识学习】

橱窗作为传播空间，是各类店铺的重要组成部分，是店铺的眼睛，正如绘画中讲究的"传神写照正在阿堵中"，其重要性不言而喻。新颖有趣的橱窗展示，能够吸引消费者的注意，提高消费者进店率，从而促进店铺的销售率。

一、橱窗制作的步骤及要素

（一）调研分析

橱窗制作有调研分析、方案设计、橱窗安装三个主要步骤。首先根据设计主题要求，搜集选择合适的素材图片作为灵感来源，制作符合橱窗设计主题的设计草案。灵感来源分析图文并茂，文字部分描述符合设计主题，语序结构规范，用语文明准确，逻辑条理清晰，图片分析有指示符号（图3-104）。

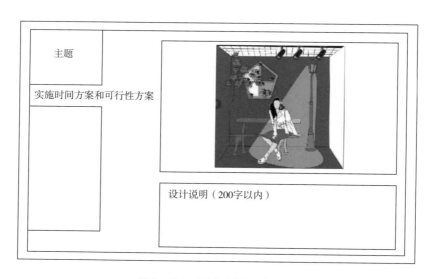

图3-104 橱窗主题设计分析

（二）方案设计

在完成调研分析的基础上，根据设计草图、设计主题及材料清单，按照实际给定的橱窗尺寸设计整体陈列展示方案。橱窗背面和左侧设有墙面、正面玻璃，顶部栅格天花板上有多盏可调节角度射灯。根据模拟橱窗提出设计方案、把握主题、制作设计板等系列工作，同时应清晰地通过设计方案细节表达主题。

设计方案必须完整呈现"商品展示效果图"，并结合200字设计说明，阐述从"概念"到"灵感来源"的设计思路。设计方案的展示可采用Adobe Photoshop cc 2018中文版软件、

Autodesk 3ds max中文版软件、Autodesk AutoCAD中文版软件、Google SketchUp 2016中文版软件等完成设计方案效果图。设计板上的设计图与"商品展示效果图"视觉设计相关，呈现清晰的主题与完整的橱窗设计信息，设计图具有美观性并引起受众的视觉共鸣。

（三）方案实施

服装品牌店铺装修风格各具特色，橱窗面积、橱窗结构、橱窗位置千差万别，橱窗主题、场景也各有千秋，基本上橱窗空间布局制作都有其规律可循。橱窗空间基本上由背面、左侧与右侧墙面和正面玻璃三部分组成。橱窗制作实施，首先要规划设计制作橱窗墙面，根据橱窗设计主题，可采用悬挂物体、平面画面、半立体浮雕方法制作。

1.橱窗墙面

（1）平面效果。按照橱窗设计主题，首先进行墙面设计制作。根据橱窗主题要求，墙面可采用漆绘、张贴等方式制作。在制作背面时，要注意保持橱窗底部的干净整洁，应用薄膜遮盖。根据设计板采用漆绘方式进行墙面绘制，调和好漆的颜色，分区域由上而下绘制，画面上色要均匀，需用塑料薄膜覆盖未上色区域，如有画面效果或渐变效果要处理好色彩过渡。塑造的效果要美观且具有长久性，漆面可根据需求塑造一定的肌理感。

（2）悬挂物体。根据橱窗主题要求也可采用悬挂方式制作。在悬挂制作时，应根据物体的体积、面积、重量，采用合适的鱼丝线、钢丝线、麻绳等材料，注重空间层次感、画面比例关系，合理运用扶梯工具辅助完成工作，要求空间层次感强，效果真实。

（3）半立体浮雕。采用半立体浮雕方法也可以制作具有意境的背景。根据橱窗主题，注重画面比例关系，选用折纸艺术、纸碟盘、PVC板材等，运用叠加手法制作。结合材料特点选择喷漆方法和粘贴用具，以材料的堆积塑造凸出墙面的立体效果。半立体浮雕凸起于平面载体，塑造出橱窗背景的空间层次感，增强视觉冲击力（图3-105）。

图3-105　半立体浮雕

（4）玻璃正面。用于消费者与橱窗隔断空间的元素，丰富橱窗画面层次，表现空间的纵深感与立体感，常采用玻璃贴纸方法营造空间。贴纸的形式内容多样化，根据橱窗主题，选择相应的花卉、植物、建筑场景、生活场景等元素，营造具有意境的空间氛围。

2.橱窗道具

橱窗墙面制作完成后，再规划设计人形模特与道具，服饰搭配新颖有趣，可以引起消费者关注，增加进店人流量，提升销售业绩。

（1）人形模特。服装品牌店铺结合橱窗设计主题并按照销售计划，常选用人形模特道具。按照服装商品展示需求，人形模特可选用站模、坐模、男模、女模、童模进行单个或组合陈列展示（表3-3）。

表3-3　人形模特实施要素及效果

类别	道具	实施要素	效果
单个人形模特	男模、女模、童模	注重人形模特高低、材质、动态，结合展示商品选择合理的动态及道具组合，营造空间意境	橱窗展示场景主题直接、简洁、突出明确
多个人形模特	男模、女模、童模，站模、坐模	注重人形模特间组合、陈列、动态，根据展示商品选择动态组合，塑造空间层次感	橱窗陈列多个人形模特，商品款式多而系统，层次感、秩序感及场景感丰富

（2）道具。根据橱窗设计图，道具的制作应与设计图比例一致。对于多元材料，材料的制作使用能传达出橱窗的主题与设计理念。服装商品是"主角"，服装商品的视觉中心突出符合形式美法则。道具有利于服装商品展示效果，橱窗中产品与道具的布局组成要平衡。橱窗展示有活力，有视觉流线、符合形式美韵律与节奏感（表3-4）。

表3-4　道具各类要素及标准

项目	要素	标准
道具材料	道具材料可用雪弗板、PVC板、龙骨、纸艺材料等	制作道具要达到专业的技术加工要求，道具制作符合工艺品特征和属性
道具外观	道具根据主题设计，进行道具外观形态设计；道具木质框架结构，需用砂纸打磨平滑；道具颜色，可选用涂漆或材质原色	道具设计符合设计主题与理念；道具设计精美，材质贴图准确；道具色调明确，多道具多种颜色搭配使用时，颜色和谐统一
道具组合	组合可选用统一材质或不同材质，组合尺寸、高度、宽度要有差别	道具布局规律、整齐、有节奏感

（3）灯光。橱窗商品要充分展示在消费者面前，灯光光线、灯位、色温等对商品展示有着直观且重要的影响。首先，应根据橱窗陈列主题、风格、气氛选择合适的光源。其次，根据确定好的光源，确定配光比例，一般比例是主光≥辅光≥背景光。再次，根据橱窗陈列商品，确定打在人形模特上的主要光线及辅助光线。光位一般打在人形模特上半身，以服装为主。一般辅助光线打在黑暗和阴影区域，柔化暗区光线。

（四）橱窗制作要素规范

1. 人形模特

人形模特作为橱窗中的重要元素，应着重注意摆放位置，在聚散、高低、朝向方面进行重点陈列。服装商品作为橱窗展示的重点，商品需要人形模特进行呈现，因此人形模特的尺寸、规格、陈列方式等都需要注意。

2. 灯光

（1）主光。主光突出商品，明确橱窗中最精彩的位置。通过灯光塑造橱窗层次感与空间感，吸引消费者注意，烘托服装商品的艺术效果。

（2）辅助光。辅助光不破坏主光的造型效果，光源以散光为主，防止产生眩晕，有丰富艺术表现力，可以达到一定艺术美感。

（3）背景光。背景光在橱窗中光线较暗，突出橱窗主题，不干扰主体商品光线。

3. 道具

在营造橱窗场景中，道具不可或缺。道具具有展示效果，也具备陈列效果，烘托场景氛围。

（1）道具的制作要达到专业行业要求，制作过程规范有序。

（2）自制道具要达到专业的技术加工要求，道具制作符合工艺品特征和属性。

二、橱窗安装的标准与规范

标准专业的橱窗安装方案应与橱窗设计方案一致，设计理念应明确清晰。道具的制作安装可以有效地烘托展示商品，商品展示突出明确，整体色调符合视觉审美，具有动态节奏且遵循视觉焦点的形式美法则，有效地利用灯光烘托场景氛围，整体符合消费者的审美需求。

（一）橱窗墙面与底板处理

1. 橱窗墙面

按照橱窗主题，进行背景安装制作。墙面与底板的安装需与设计主题一致，材料选用合理，画面整洁干净，无污点、印迹，施工位能及时整理清洁。在安装背景时，要注重保持橱窗底部的干净整洁，应用薄膜遮盖（表3-5）。

表3-5　橱窗墙面要素及效果

项目	工具	实施要素	效果
漆绘	选用涂料、颜色、添加剂、刷子、滚筒、毛笔	根据画面进行底稿绘制，调和好漆的颜色，分区域由上而下进行绘制，画面上色要均匀，需用塑料薄膜覆盖未上色区域，如有渐变效果要处理好色彩过渡	效果美观且具有长久性，不易脱落

（1）橱窗墙面上色准备工序。橱窗安装中，在墙面上色前，设计师需要穿好一次性鞋套，戴好围裙。根据橱窗设计图进行墙面颜色调和，以白色涂料为主，采用颜色添加剂调和

配色。橱窗底板用一次性塑料薄膜进行覆盖，以免弄脏。

（2）橱窗墙面粉刷标准。橱窗墙面粉刷上色应遵循先背景墙面、后两侧墙面的顺序。根据橱窗墙面尺寸规格，先采用大号滚筒进行白色粉刷，然后根据设计稿颜色需求，分色纸分区域调和好颜色，进行颜色的粉刷。对于墙面有几种色调的，先用分色纸进行区域的划分，保证轮廓线清晰，上完色的区域贴上分色纸，再进行未上色区域的上色。

（3）橱窗墙面立体效果。橱窗墙面粉刷工序完成，待漆面晾干后，进行半立体效果的制作安装。如图3-106所示，可采用A3有色纸进行纸艺效果的安装塑造。纸材可使用刻刀进行镂空处理，塑造若干有机形体，再根据墙面背景进行有形式美感的粘贴，塑造韵律流动的形式美感。

图3-106　橱窗墙面立体效果

2. 底板

按照橱窗主题进行底板粉刷安装。根据橱窗底板尺寸规格，先采用大号滚筒进行第一遍底色（白色）的粉刷，然后根据设计稿颜色需求，调和好颜色进行粉刷。要求漆色选用合理，整洁干净，无污点、印迹，施工位能及时整理清洁（表3-6）。

表3-6　橱窗底板要素及效果

项目	工具	实施要素	效果
漆绘	选用涂料、颜色、添加剂、刷子、滚筒、毛笔	根据主题进行底板的安装，上色需分色纸覆盖且等待干透，底板道具需按1∶1比例安装制作	效果逼真且具有场景感

（二）道具安装

服装品牌店铺装修风格各具特色，橱窗面积、橱窗结构、橱窗位置千差万别，橱窗主题多元化，道具无论在空间、层次、氛围、烘托商品等方面都起着至关重要的作用。道具要安装规范，具体要素及标准详见表3-7。

表 3-7　道具要素及标准

项目	要素	标准
道具外观	道具材料可用雪弗板、PVC板、龙骨、纸艺材料等； 道具根据主题需求，进行框架安装组合； 道具外观，需用砂纸打磨平滑； 道具颜色，可选用涂漆或材质原色	道具框架整洁，砂纸打磨光滑； 道具转交衔接处，固定牢靠； 道具色彩均匀，无污点、印迹等
道具组合	组合可选用同一材质或不同材质； 组合尺寸、高度、宽度要有差别	组合道具，硬质与软质材质结合； 组合道具需要明确的材料清单
道具整理	尺寸大小根据空间需求进行制作； 道具及人形模特整理后稳定、无松动晃动情况、损坏情况	尺寸要符合人体工学，尺寸一致营造重复的形式美； 尺寸不一致需塑造大小变化、前后层次感与韵律感

（三）服装商品搭配

橱窗安装中最重要的是服装商品展示，人形模特服装上的搭配需突出商品特色及优势，塑造新颖独特的服饰搭配亮点，吸引消费者驻足，促进进店率的提升。服饰根据主题可选用站模、坐模或其他姿势展示，也可选用悬挂、吊挂方式展示。道具要求安装规范，具体要素及标准详见表3-8。

表 3-8　商品展示要素及标准

项目	要素	标准
展示方式	人形模特：站模、坐模展示； 悬挂方式展示； 单个或组合陈列展示	服装相同，间距相同； 服装相同，间距不同； 服装不同，间距相同； 服装不同，间距不同
服装组合	畅销商品； 主推商品； 促销商品	畅销款人形模特陈列，材质、色彩符合流行趋势； 主推款系列人形模特陈列； 促销款可以人形模特陈列也可以悬挂方式陈列
人形模特	人形模特外观； 人形模特摆位； 人形模特着装	人形模特手脚无破损、无倾斜；有底盘，底盘周正且无灰尘； 人形模特组合排列有美感、节奏感； 人形模特身上商品熨烫到位且无污渍、无线头、隐藏吊牌； 人形模特身上的服饰纽扣、拉链、收腰等细节到位； 人形模特选择上下装及连身装搭配出样，并注意运用饰品搭配，风格协调，讲究色彩的搭配性

橱窗商品配置需根据橱窗主题进行服装款式、面料、色彩的选择与搭配展示。一般服装商品大类的划分可以根据品牌定位和顾客的基本情况来定。

按商品产品线划分：服装、配件。

按商品性别类别划分：男装、女装。

按商品年龄类别划分：成年男装、成年女装、童装。

按商品系列类别划分：A功能分类、B设计分类……

按服装商品细类划分，一般以品类为主，如服装——外套、衬衣、长裤/裙、短裤/裙、T恤……配件——帽子、围巾、腰带、手套、袜子、鞋子、包、香水、化妆品……

（四）橱窗安装规范

1. 道具

道具作为橱窗中的重要元素，应着重注意摆放位置，在聚散、高低、朝向方面进行重点陈列。服装商品作为橱窗展示的重点，商品结合场景道具进行呈现，共同塑造橱窗场景。

（1）道具比例。橱窗中的道具与设计图的比例一致，实物为1∶1比例，道具制作中工具使用安全、操作规范。

（2）道具安装。道具安装根据需要，按照平衡、美观、干净整洁的原则，先安装主体框架，再安装部件，调整道具外观及陈列方式，做好时间计划表并展示在工作台上。

自制道具具有原创性、创新点表达清晰。自制道具施工位干净整洁，无滴漏，无杂物，废料处理符合要求。

2. 色彩

（1）灯光。突出商品，明确橱窗中最精彩的位置。灯位应打在主要商品的上半部分，通过色温调节光照的冷暖效果，塑造橱窗层次感与空间感，吸引消费者注意，烘托服装商品的艺术效果。

（2）漆色。油漆需使用调和剂进行色彩的调和，不破坏主光造型效果。橱窗空间色彩注重主色调比例，辅色与主色比例常采用3∶7、1∶9。

3. 服装

（1）影响因素。

①秩序：使橱窗有规则，主题清晰，便于区别。

②美感：营造橱窗主题氛围，使服装更加吸引人，并能引起连带销售。

③促销：陈列和服装营销有机结合，促进销售。

（2）服饰搭配。商品套装出样搭配合理、美观，颜色搭配符合潮流趋势，商品细节展示有创新点。服装搭配配饰运用合理，配饰整理操作规范。

【任务实施】

（1）搜集相关海洋元素，完成"海底世界"为主题的橱窗设计（图3-107）。

要求：

①设计方案要包含主题、设计说明、设计稿、实施方案。

②橱窗主题明确，设计新颖，道具元素能够有效地突显商品的特征，具备形式美感。

③橱窗设计方案的可实施性强。

④合理运用Photoshop、Adobe Illustrator、Coreldraw、SketchUp软件，渲染效果强。

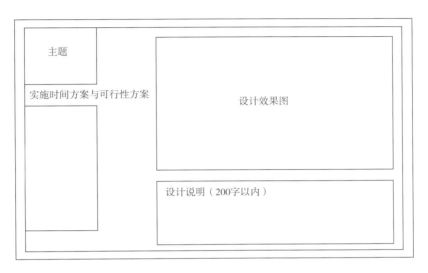

图3-107　主题橱窗设计方案

（2）根据图3–108所示牛仔服饰与表3–9所示橱窗制作所需的物料清单，完成"沙漠绿洲"主题橱窗的安装制作。

要求：

①设计制作模型道具比例合理，形式美观，符合主题需求。

②制作安装步骤要规范，施工位整洁干净。

③人形模特陈列美观，商品展示突出。

图3-108　牛仔服饰

表3-9 橱窗制作物料清单

名称	规格	数量
雪弗板	600mm×800mm	3张
美纹纸	1~5cm	1组
卡纸	A3、A4、8开等型号	1组
砂纸	200目、600目	2组（各1组）
白色油漆涂料	无味白色2L	2桶
染色剂	0.5kg	1瓶
木龙骨	2cm×4cm×2m	5根
胶合板	60cm×60cm	5张
转移贴	600mm×8m	1张
铁钉	1.2cm	500g
刻刀	专业三件套	1套
滚筒刷	7寸	2把
木工锯	强力型11锯条	1组
打钉机	300+2000型	1组
鱼丝线	0.3mm	1卷

工作领域四 店铺陈列管理

任务一 品牌店铺陈列调研与分析

【任务导入】

假设你是某个品牌的陈列师，由于A店铺近期销售下滑严重，公司安排你对A店铺的陈列进行针对性地调研与分析，你需要从哪些方面入手调研，如何开展调研以及给公司呈现的物化成果是什么？

◆ 知识目标

1. 了解并掌握品牌店铺陈列调研的内容及分析要点。
2. 了解并掌握品牌店铺陈列调研流程。
3. 了解并掌握品牌店铺陈列调研方法。

◆ 技能目标

1. 能够运用品牌店铺陈列调研方法进行针对性调研内容的获取。
2. 能够基于目标品牌和竞争者品牌进行店铺陈列对比分析。
3. 能够完成品牌店铺陈列调研报告的撰写。

◆ 素质目标

1. 具备良好的团队协作能力。
2. 具备良好的沟通技巧。
3. 具备良好的品牌意识，养成定期市场调研的好习惯。

【知识学习】

一、品牌店铺陈列调研的内容

品牌店铺陈列调研指针对目标品牌店铺进行针对性的陈列调研，旨在提高品牌店铺陈列质量，解决存在店铺运营中关于品牌形象及产品销售问题，采取系统地、客观地识别、收集、分析和传播品牌形象信息的工作。从调研方向看，主要分为品牌店铺卖场陈列调研和品牌店铺橱窗陈列调研两个方面。更多的情况是针对品牌店铺的全方位调研，以此分析出店铺陈列存在的问题，更好地推动品牌终端形象的建设与发展。

陈列调研作为一种获取品牌在形象、产品、营销手段、服务等方面信息的有效手段，在具体的调研中主要包含以下七个方面。

（一）环境调研

品牌环境调研主要针对品牌店铺所处的商圈进行分析，包括店铺所在的城市、店铺所属商圈的周边客户及其购买力分析。所谓的商圈指以品牌店铺所在地为中心，沿着一定的方向和距离扩展的、能够吸引顾客的范围。不同类型的商圈、不同层次的商圈，适合不同的业态和不同的经营方式。

1. 商圈的类型

（1）商业区。商业行为集中的地区，其特色为商圈大，流动人口多，各种商店林立，繁华热闹。该区消费习性具有快速、流行、娱乐、冲动消费的特色，且消费金额比较高。

（2）住宅区。居住者在一万人以上，消费群消费习性稳定，讲究便利性、亲切感，家庭用品购买率较高。

（3）文教区。文教区附近一般有多所学校，该区消费群以学生为主，消费金额普遍不高，消费习性相对较休闲。

（4）办公区。办公大楼林立的地区，附近会有较多的大型停车场，上班族的消费特点最主要的是时间稳定、集中。

（5）综合区。综合区分为住商混合、住教混合、工商混合等区域。混合区具备多种单一商业圈形态的消费特色，一个商圈内往往含有多种商圈类型，体现多元化消费习性。

2. 商圈分析的重要性

商圈分析是店铺合理选址的基础工作。品牌在选择店址时，总是力求有较大的目标市场，吸引更多的目标顾客。首先就需要经营者明确商圈范围，了解商圈内人口的分布状况以及市场、非市场因素的相关资料，在此基础上进行经营效益的评估，衡量店址的使用价值，按照设址的基本原则选定适宜的地点，使商圈、店址、经营条件等协调融合，创造经营优势。

3. 商圈评估要点

商圈调研是对商圈内的竞争状况、业态类型、消费者特征以及经济地理状况等进行深入了解。商圈评估要点及内容如表4-1所示。

表4-1　商圈评估要点及内容

评估要点	评估内容
发展潜力	商圈未来的潜力
辐射性	商圈的影响力
客流量最大的时间	分上午、下午、晚上三个时段
推广方式	最合适哪类品牌销售
主要顾客来源	顾客的工作性质及年龄，如学生、上班族等
品牌消费者	品牌主要消费者的工作性质及年龄

（二）目标品牌定位调研

目标品牌定位调研主要是针对所调研的目标品牌进行品牌定位相关信息的梳理，主要包括品牌历史、品牌定位、目标市场、目标消费群等。通过目标品牌定位调研，能够进一步了解和把握所调研的目标品牌，有效提升品牌店铺陈列的针对性。

（三）产品调研

掌握品牌产品的信息对于陈列师来说是重要的基础性工作，品牌产品的调研主要包括以下三个方面。

1. 产品风格

在调研过程中，需要对目标品牌的产品风格进行分析，梳理出店铺的产品都有哪几个大的主题系列，为后续的陈列分析提供数据支撑。

2. 产品数量

产品数量的调研主要是通过调研了解店铺大概有多少个款式，大致有多少个颜色，这些数据是陈列师进行店铺陈列的基础，只有掌握了店铺有多少款式与颜色，才能与产品的风格有效结合起来，对卖场商品陈列区域规划具有重要意义。

3. 产品特性

针对产品特性的调研主要从产品本身出发，即调研店铺中的货品是否适合挂装陈列，是否适合叠装陈列等，这是需要分析的。因为只有了解店铺内不同产品的特性，在具体陈列时才能选择合适的陈列方式进行展示，提升商品展示的针对性。

（四）目标消费群调研

针对目标消费群的调研主要从整体品牌定位的角度出发，进一步明确品牌所面向的主要目标消费群体是哪些人，他们大多从事哪类职业，都有哪些消费习惯等。陈列师只有对品牌的目标消费群真正了解了，分析透彻了，才能更容易打造真正符合品牌目标消费群生活方式的展示。

（五）竞争者品牌调研

竞争者品牌调研是品牌店铺陈列调研的关键一环，对调研是否有效具有重要意义。首先要明确竞争者品牌是谁的问题，这就需要在调研时明确目标品牌是谁，通过梳理目标品牌定位，找到该品牌的竞争者品牌。竞争者品牌的选择不是任意的，而是有针对性的，作为竞争者品牌一定要具有可比性，不能把不相关的两个品牌作为竞争者品牌。针对竞争者品牌的调研与目标品牌调研的内容是一样的，只有这样在具体的调研分析时才有对比的数据产生，真正通过调研发现问题，真正发挥调研的作用。

（六）店铺空间调研

卖场空间调研是对具体卖场空间进行观察，主要内容包括卖场店面风格、卖场出入口设计、店面的布局、店内灯光效果、地面的设计、店内陈列形式等。

通过卖场空间调研相关数据分析，可以进行品牌店铺平面图的复原，基于平面图对卖场的空间规划、空间布局等进行分析与总结，加深对商业空间的认识，分析卖场空间存在的问题，注重消费者购物体验，强化场景与产品发生联系，不断提升卖场规划的合理性，进一步提升店铺陈列的有效性。

（七）陈列技巧调研

陈列技巧调研主要是从卖场陈列方式的运用、卖场陈列色彩搭配设计、橱窗设计等方面进行调研。陈列技巧调研是品牌店铺陈列调研的核心内容。

1. 卖场陈列方式调研

主要调研人形模特、正挂、侧挂、叠装等陈列方式在店铺陈列中的应用情况。调研需要结合店铺实际情况，具体分析不同陈列形式应用的合理性问题。卖场陈列方式调研还包含针对不同陈列方式组合设计的调研，主要是从店铺陈列方式的组合与规划角度出发，分析都遵循了哪些组合搭配的原则等。如一个墙面的陈列，一个墙面可能包含多个立柜，不同立柜之间采用何种陈列方式是陈列师需要思考的问题，需要基于墙面的货品分析进行不同陈列方式的组合搭配应用，使陈列效果在具备整体感的基础上还能突显产品的特性。

2. 卖场陈列色彩调研

卖场陈列色彩调研应该是最直观的调研，我们肉眼看到什么就是什么。针对卖场陈列色彩的调研主要是从两个方面考量：一方面是卖场陈列色彩搭配设计的方法应用情况，通过调研分析在店铺陈列中都运用了哪些色彩搭配的方法，效果怎么样等；另一方面是卖场陈列色彩搭配设计的情况，和卖场陈列组合设计一样，一个墙面的设计不仅是陈列方式的组合，更是色彩的组合搭配，通过调研需要分析卖场陈列色彩搭配的合理性问题。

3. 橱窗设计调研

橱窗是一个店铺的灵魂，在店铺陈列中具有举足轻重的作用。围绕橱窗调研的直观分析主要考虑橱窗的主题设计与品牌定位是否相吻合，橱窗中展示的商品是否体现了主题性和系列感。在具体调研中还需要结合具体的店铺陈列情况进行分析，如橱窗设计灵感的来源、橱窗设计手法以及橱窗中人形模特和服装的组合排列等。

陈列调研不仅是观察，关键是观察了之后要进行分析。通过对陈列调研内容的梳理，我们会发现陈列调研的内容基本上涵盖了课程学习的全部内容。这就要求在具体的调研过程中，结合之前所学的内容进行深度地分析和梳理，以提高陈列调研的有效性。同时陈列调研是一项长期性的工作，作为一名服装陈列师需要紧密对接市场需求，养成定期进行调研学习的好习惯，通过调研不断汲取营养，不断提高自己的陈列技艺，更好地服务品牌发展。

二、品牌店铺陈列调研的流程与方法

没有调研就没有发言权。对于服装陈列师来说，针对性地进行品牌店铺陈列调研是一项基本的技能，也是日常工作中的一项重要工作内容。品牌店铺陈列调研的流程和方法是怎样的呢？

（一）品牌店铺陈列调研流程

品牌店铺陈列调研并不只是为了了解品牌目前的市场实情和现状，而是为了探明今后如何有效提升品牌店铺形象并扩大市场，是一项具有积极意义的调研活动。从调研流程上可以分为准备阶段、实施阶段和总结阶段三个阶段。

1. 准备阶段

准备阶段是在调研工作实施前，要做好调研前的准备工作，确保调研的有效实施。主要从以下两个方面做准备。

（1）分解任务，明确任务目标。通常情况下进行有目的性的调研活动都是需要团队完成的，因此在调研前需要在明确任务目标的基础上进行任务分解，充分发挥团队的优势，合作完成调研任务。

（2）完成品牌店铺陈列调研准备工作。首先，要确定品牌店铺陈列调研目标，这是陈列调研的基础；其次，要对陈列调研的内容进行设计，主要是明确需要调研哪些内容，以及获取内容的标准是什么，如果需要表格或者其他方式辅助调研来获取数据的话，也需要提前设计完成；最后，在调研前要对目标品牌进行必要的了解，了解该品牌产品的类型和特点，对商品的把握是服装陈列师能做好陈列的前提。

2. 实施阶段

在调研任务实施阶段，主要是按照前期陈列调研的计划内容展开工作获取相关信息资料，具体调研一般按照以下流程进行。

（1）环境调研。

（2）目标品牌定位调研。

（3）产品调研。

（4）目标消费群调研。

（5）竞争者品牌调研。

（6）店铺空间调研。

（7）陈列技巧调研。

按照以上流程主要是从信息获取的角度，从宏观到微观对品牌及品牌店铺陈列有一个全方位的认识和了解，这也是服装陈列师必备的技能之一。

3. 总结阶段

总结阶段是整项调研工作的关键和核心，它不仅要完成调研资料的整理总结工作，还要对所调研的内容进行分析，尤其是在竞争者品牌分析的环节，需要对目标品牌和目标品牌的竞争者品牌进行深度分析，以获取目标品牌店铺陈列的独特性内容，从而为店铺陈列提供支撑和保障。

（二）品牌店铺陈列调研的方法

品牌店铺陈列调研方法的选择很大程度上取决于调研内容获取路径。基于陈列调研内容，陈列调研的方法大致可分为文案调研和实地调查两类。

1. 文案调研

文案调研又称资料查阅寻找法、间接调查法、资料分析法或室内研究法。它是围绕某种目的对公开发表的各种信息、情报，进行收集、整理、分析研究的一种调查方法。例如，我们要调研某个品牌，可以从已有的对该品牌的分析资料入手，在开展实地调研前先了解该品牌的品牌定位、目标消费群、价格定位以及产品风格等方面的信息，更好地服务实地调查。

文案调研信息获取的渠道主要来自内部资料的收集、外部资料的收集和互联网资料的收集三个方面。

（1）内部资料收集。内部资料收集主要是针对目标品牌和竞争品牌内部的店铺陈列资料的收集。内部资料主要包括两个方面的内容，一方面是通过企业实际的品牌运营而取得的宝贵的实际体验资料，其中既累积了成功经验也累积了失败的教训等；另一方面是企业平时收集、掌握、储存的一些有关市场、产品、顾客、竞争企业及其他品牌陈列的相关数据资料。

（2）外部资料收集。外部资料的收集主要是针对目标品牌和竞争品牌外部的店铺陈列资料的收集。其来源主要包括国家和地方的统计年鉴、政府职能部门的有关统计资料、行业团体的有关资料、报纸和杂志等。

（3）互联网资料收集。互联网的发展使信息搜集变得容易，从而大大推动了调查的发展。过去，要搜集所需情报需要耗费大量的时间，奔走很多地方。今天，文案调查人员坐在计算机前便能轻松地获得大量信息，只要在正确的地方查寻就可以找到，许多宝贵的信息都是免费的。在具体的调研过程中很多内外部资料的收集也是通过互联网技术进行的。

2. 实地调查

实地调查通常指市场实际调查，是实际到品牌店铺进行调研进而获取相关调研数据的方法。通常情况下实地调查主要分询问法和观察法两类。

（1）询问法。询问法就是在实地调查过程中，通过到店铺与店铺人员直接沟通获取相关信息的方法。通常情况下这种方法作为品牌内部人员是可行的，作为有竞争关系的竞争者品牌通过询问法直接获取竞争品牌的相关信息显然是不合适的。品牌陈列师针对本品牌的店铺陈列调研中可以直接采用询问法进行，通过与终端店铺人员的沟通获取店铺陈列的相关数据，比如，店铺哪些款式卖得好、哪些颜色卖得好、哪些产品库存量大等。通过相关数据信息的获取可以大大提高陈列的针对性。

（2）观察法。所谓观察法，就是调研人员不直接向调查对象提出问题，而是亲临现场观察品牌店铺运营的过程，通过对店铺运营行为及顾客反映的观察来获取相关数据的方法。观察法能够让调研者亲身感受或者体验到实际的店铺陈列状态，对后续的分析也至关重要，因此观察法是目前品牌店铺陈列中最常用的方法之一。

陈列调研是陈列师的重要工作内容之一。获取品牌相关信息是一件非常难的事情，作为一名服装陈列师，除了在主观意识上要重视陈列调研外，还需要选择合适的调研方法。除了前面我们已经讲到的方法外，还需要在具体的调研实践中进一步拓展与延伸。

三、品牌店铺陈列调研报告的撰写

（一）品牌店铺陈列调研报告的内容与结构

市场调研报告有较为规范的格式，其目的是便于阅读和理解。我国现有的市场调研报告通常包括标题、前言、主体和结尾四个部分。

1. 标题

标题即报告的题目。有的直接在标题中写明调研的单位、内容和调查范围，如"某某品牌店铺陈列调研报告"等；还有的标题除了正标题之外再加副标题，如"某某品牌店铺陈列调研报告——以某某店为例"。

2. 前言

前言部分用简明扼要的文字写出调研报告撰写的依据，明确报告的研究目的或主旨是什么，还应包括调研的范围、时间、地点及所采用的调研方法等。

除此之外，有的调研报告为了使读者能迅速、明确地了解调研报告的全貌，还在前言里简要地梳理出一个报告的摘要。

3. 主体

主体部分是报告的正文，它主要包括三部分内容。

（1）情况部分。这是对调查结果的描述与解释说明，可以用文字、图表、数字加以说明。对情况的介绍要详尽而准确，为结论和对策提供依据。该部分是报告中篇幅最长也是最重要的部分。

（2）结论或预测部分。该部分通过对资料的分析研究，得出针对调研目的的结论，或者预测市场未来的发展、变化趋势。该部分为了条理清晰，往往分若干条叙述，或列出小标题。

（3）建议和决策部分。经过调查资料的分析研究，发现了市场的问题，预测了市场未来的变化趋势后，应该为准备采取的市场对策提出建议或者看法，这就是建议和决策部分的主要内容。

4. 结尾

结尾是调研报告全文的结束部分。一般写有前言的市场调研报告要有结尾，与前言照应，重申观点或是加深认识。

（二）品牌店铺陈列调研报告撰写的原则

品牌店铺陈列调研报告撰写的原则主要包括客观性原则、突出重点原则和简要性原则三个方面。

1. 客观性原则

客观性原则是品牌店铺陈列调研报告撰写的重要准则。调研报告的突出特点是用事实和数据说话，准确地叙述目标品牌店铺陈列的相关问题，并用客观的态度来撰写报告，而不应该歪曲调研结果以迎合品牌管理层的期望。

2. 突出重点原则

在调研内容的编排上，既要保证对市场信息做全面、系统的反映，又要突出重点，特别是对调研目标的完成和实现情况的反映，要有极强针对性和适用性。

3. 简要性原则

调研报告的价值不是以报告的长短来衡量的，而是以质量、简洁有效来衡量的。因此，调研报告应该简明扼要，任何不必要的内容都应该去掉，要避免对常规性问题进行冗长的论述。

（三）品牌店铺陈列调研报告案例赏析

服装陈列设计1+X证书培训调研报告案例赏析，见所附数字数学资源。

任务二　店铺日常陈列管理

【任务导入】

　　请根据橱窗安装与搭配指引了解店铺橱窗陈列日常陈列标准与规范并完成橱窗日常陈列培训指导、考核与评价。

　　◆　**知识目标**

1. 掌握品牌店铺卖场陈列日常维护标准及规范。
2. 掌握品牌店铺橱窗陈列日常维护标准及规范。
3. 能够正确识读陈列标准（包含陈列手册、陈列指引、波段陈列方案）。

　　◆　**技能目标**

1. 能够基于品牌陈列规范及要求做好店铺橱窗陈列维护。
2. 能够基于品牌陈列规范及要求对店铺进行日常培训指导。
3. 能够基于品牌标准完成对店铺橱窗陈列的相关考核与评价。

　　◆　**素质目标**

1. 具有质量意识、环保意识、安全意识、信息素养。
2. 具有精益求精的工匠精神，尊重劳动、热爱劳动，具有较强的实践能力。

【知识学习】

一、认识陈列手册

　　陈列手册是品牌用于指导终端门店执行陈列操作的说明手册，是品牌陈列标准输出的重要内容，其使用者主要是品牌一线的销售人员。陈列手册类似我们在购买产品时的产品说明书，通过陈列手册，把品牌的相关陈列标准和规范告知使用者，同时按照陈列手册的标准和规范，品牌终端店铺工作人员可以完成店铺的基础陈列。

（一）陈列手册的意义和作用

　　陈列手册对品牌具有重要的意义和作用，主要表现在以下三个方面。

　　1. 指导店铺员工通过陈列塑造统一的品牌视觉形象

　　规范统一的视觉形象是品牌的根本要求。品牌店铺虽然大小、格局等有所差异，但是品牌在全国各地的店铺形象是统一的。品牌需要有统一的标识度，让消费者对其产生信赖。

　　2. 为品牌终端店铺员工提供规范统一的陈列标准

　　每个品牌都有自己独特的定位，因此品牌的陈列标准和规范是不一样的，通过陈列手册可以把本品牌的陈列标准进行规范，主要体现在展示产品的具体要求上。比如正挂陈列必须是单套挂装展示，或者必须是三套挂装展示；再如，每个款色按照两个或者三个尺码展示，尺码在排列时要体现从小到大的秩序感等。这些看似是小的问题，如果没有一个统一的标准和规范，终端店铺在执行的时候也会变得五花八门。

3. 指导店铺员工规范陈列行为服务销售

陈列手册可以指导员工按照品牌陈列标准进行店铺日常陈列的维护，树立陈列意识，创新产品的组合搭配，为达成连带式销售奠定基础。

（二）陈列手册的形式

针对陈列手册的概念及分类，到目前为止还没有一个比较规范的界定。从目前企业的实际应用情况及陈列手册的使用范围看大致可以分为通用式陈列手册、年度（季节）式陈列指引和波段式陈列方案三种形式。

1. 通用式陈列手册

从字面含义看，通用式陈列手册是一个相对比较基础性的陈列手册。从企业实际的使用情况看，通用式陈列手册确实是品牌基础性的陈列手册，里面包含了品牌故事、品牌定位、品牌基础陈列标准、店铺日常陈列维护规范等内容。即品牌终端店铺员工从手册中可以了解到品牌的基本情况等，因此通用式陈列手册也是新员工培训的重要内容。

2. 年度（季节）式陈列指引

从字面含义看，年度式陈列指引要比通用式陈列手册更加具有针对性，因为它的有效期是一年或者是一个季节。在企业实际品牌运营中，通用式陈列手册是品牌基础性的手册，而年度陈列指引则是针对品牌本年度或者是本季度的产品主题系列情况，以及不同系列的产品上市时间等内容而制定的针对性的陈列指引，店铺员工通过这本手册可以清楚地知道本年度共有多少个产品主题和系列，产品的上市波段及陈列建议，产品推广节奏及推广物料等。因此，年度式陈列指引既是品牌年度陈列工作规划的重要内容，也是年度陈列的标准及规范。

3. 波段式陈列方案

从字面含义看，波段式陈列方案应该比年度陈列指引更具针对性，因此这是一个针对单个产品波段进行的陈列方案设计。在企业实际品牌运营中，波段式陈列方案一般都是随货一起发送的，也就是说，这个波段的产品到店铺的同时，波段式陈列方案也是同步到位的，店铺工作人员可以按照陈列方案直接进行货品陈列。因此，波段式陈列方案是最具针对性的，终端店铺可以直接按照方案中的色系、货号进行陈列调整。当然，在具体的陈列调整中有可能会存在很多客观因素，导致不能完全按照陈列方案进行产品展示，因此，作为一名优秀的服装陈列师，应该具备解决陈列过程中实际问题的能力。

（三）品牌陈列手册具体的内容及要求

以通用式陈列手册为例，在进行品牌陈列手册制作时都应该包含哪些内容呢？按照陈列手册的功能定位，目前通用式品牌陈列手册大致应该包含品牌故事、卖场陈列技巧规范、橱窗陈列技巧规范、卖场日常陈列维护规范、服装搭配技巧规范、产品销售技巧规范、品牌陈列道具规范等。

1. 品牌故事

品牌故事在陈列手册中的作用主要是让店铺员工对品牌有一个基本了解。员工通过品牌故事的学习，可以进一步了解品牌的定位以及品牌文化，为后续的品牌店铺工作打下坚实的基础。因此，品牌故事是品牌终端店铺员工必须了解和掌握的基础知识。

2. 卖场陈列技巧规范

卖场陈列技巧规范主要是结合品牌定位，对本品牌店铺陈列的一些最基本的陈列设计原理、陈列色彩搭配技巧和具体的陈列方法进行说明（图4-1）。通过这部分内容的学习，大致可以掌握本品牌店铺陈列的基本技巧规范，因此，卖场陈列技巧是品牌终端店铺员工必须了解和掌握的基本技能。

图4-1　某品牌男子跑步系列三仓商品组合形式

3. 橱窗陈列技巧规范

橱窗陈列技巧规范主要是说明本品牌橱窗陈列的相关要求和技术规范，包括橱窗人形模特的组合方式等，如本品牌的人形模特组合主要分为几种方式，以及不同方式的具体要求是什么。还应该有本品牌橱窗陈列的一些具体的技术规范，如在橱窗陈列时必须考虑到内外呼应的问题，即橱窗要与店铺卖场陈列相结合，顾客可以通过橱窗陈列快速在店铺中找到与之对应的商品，方便顾客试穿。另外在进行橱窗陈列设计时，还应该考虑到产品的主题性和系列感，强调产品整合，以突出品牌特色。因此橱窗陈列技巧规范也是品牌终端店铺员工必须要了解和掌握的基本技能（图4-2）。

4. 卖场日常陈列维护规范

卖场日常陈列维护规范主要是对品牌店铺的日常陈列维护规范进行说明，如橱窗中的服装多久更换一次，再如出样的尺码应该从小到大排列等，这些内容相对比较琐碎，但是如果处理不好，对品牌终端店铺的影响还是很大的。终端店铺员工要把日常陈列维护规范的执行当成一项常规工作，养成良好的职业习惯和态度。因此，卖场日常陈列维护规范是品牌终端店铺员工必须遵守的基本准则。

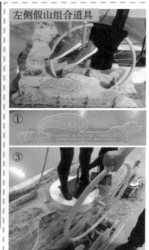

①将亚克力板固定至相应点位，底板粘胶加固

②组装假山后放置（每张异形板右下角均标有对位编号，根据示意图组装即可）

③在假山中间卡槽处放置车轮

焦点—效果示意—正面

注意：效果图仅为示意，最终呈现效果以实际大货道具到店为准。

图4-2　某品牌橱窗陈列标准

5. 服装搭配技巧规范

服装搭配技巧规范主要是对本品牌服装搭配的一些基本规律和基本技巧进行规范与说明（图4-3）。不同定位的品牌搭配技巧和规范是有差异的。比如，内衣品牌的产品看似简单，实际上与成衣品牌相比或许更复杂一些，同一款式的不同罩杯、尺码都要有所区别，因此在具体的陈列设计过程中，货品的整合相对要比较麻烦一些，就更需要对相关服装搭配参考进行规范。

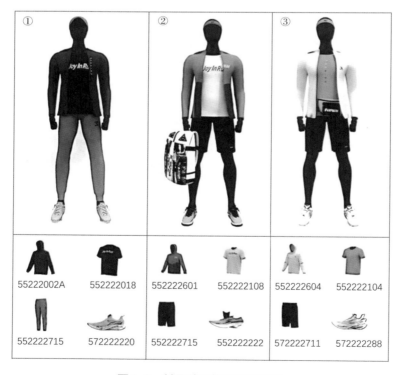

图4-3　某品牌服饰搭配示意图

6.产品销售技巧规范

对于品牌店铺而言，业绩是考核店铺的最重要的指标。为确保品牌店铺的销售业绩，每个品牌都越来越重视服务了，除了给顾客提供良好的服务外，针对性的产品介绍也至关重要。比如FABE产品介绍法的应用，在介绍产品时要把产品的特性、优点、好处等内容充分地介绍给顾客，同时在销售服务过程中强调连带销售，强调产品的组合搭配，为顾客提供搭配方式的参考。因此，产品销售技巧规范也是品牌终端店铺员工必须要了解和掌握的基本技能。

7.品牌陈列道具规范

每个品牌都有自己不同的陈列道具，需要对各种类型的道具及其安装与使用规范进行介绍与说明。例如，不同型号货架的特点与使用规范、常规墙面货架的安装组合方式、特殊道具的拆装方式等。陈列道具规范比较注重细节，帮助员工正确掌握陈列道具的使用规范，也是陈列从业人员必须了解和掌握的基本技能。

品牌陈列手册是品牌终端店铺陈列的标准和规范，因为每个品牌的定位不同，标准和规范也会有所差异，但是基本要求和目标是一致的，即品牌要通过陈列手册进一步规范陈列行为，更好地传播品牌文化，提升店铺销售业绩。因此，作为一名服装陈列师，能够进行陈列手册的设计与制作尤为重要。

二、卖场日常陈列标准与规范

品牌陈列要求和规范需要快速准确地传递是品牌在同一时间展现统一形象的基本保证，是成功的陈列设计快速复制推广到所有店铺的基础，也是陈列管理要解决的核心问题。一个陈列方案精准地复制到所有店铺，用同样的手段把同样的感觉传递给顾客，才算是成功的品牌陈列方案。而要做到将品牌陈列方案精准地复制到所有店铺，就必须有详细的操作手册以及各种规范来保证陈列的质量。因为不可能由同一个人亲手完成每一家店铺的服装陈列，所以需要通过管理手段来实现，卖场日常陈列标准与规范的重要性不言而喻。

下面围绕品牌服装卖场单品陈列区域和重点陈列区域边场与中场的具体陈列标准内容，结合店铺终端管理的SKU项目与店铺岗位职责及分工相关内容展开讲述。

（一）单品陈列（IP）区域陈列标准

IP（Item Presentation）译为单品陈列，单品陈列区以商品摆放为主。卖场内IP区域是主要的储存空间，也是顾客形成消费的必要触及的空间，有的人把它叫作容量区。店铺中IP区域通常分为边场IP区域和中场IP区域。

1.边场IP陈列标准

（1）常见边场道具种类。常见边场道具种类有斜线边场架、花形边场架、直线边场架、平板边场架、层板（长/短）、L型板、底台（长/短）、储物柜、正挂横通（正挂半横通/配件架横通）、配件单钩、正挂一字杆（配件一字杆）、正挂斜杆、正挂Z字杆、配件架一字钩、大挂架、衬衫板、鞋板、海报框、口型挂框等（图4-4）。

（2）边场仓位格式标准。仓位格式一般分为休闲男装标准仓位、休闲女装标准仓位、时尚外出男/女装标准仓位、商务区标准仓位、童装标准仓位等（图4-5、图4-6）。

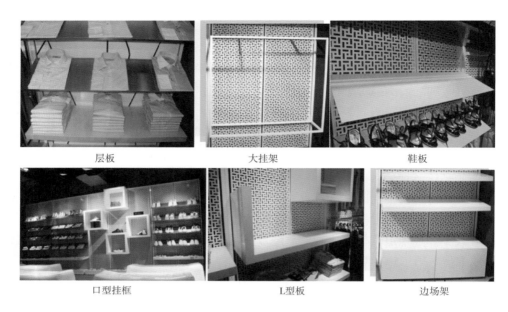

层板　　　　　　　　　　　大挂架　　　　　　　　　　　鞋板

口型挂框　　　　　　　　　L型板　　　　　　　　　　　边场架

图4-4　常见部分边场道具种类

图4-5　边场仓位格式标准图例1

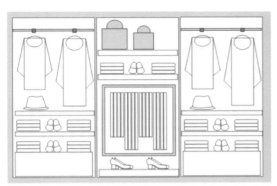

图4-6　边场仓位格式标准图例2

　　也常见因店铺内承重柱或边场道具尺寸限制所出现的特殊区域仓位变化格式，如仓位与仓位之间的海报柱形成的一仓+海报柱+一仓，二仓+海报柱+三仓等特殊区域仓位变化格式（图4-7）。

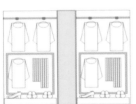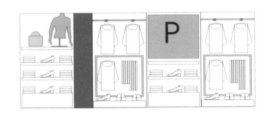

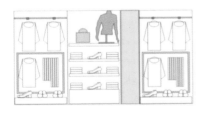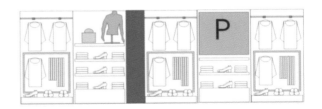

图4-7　特殊区域仓位变化格式

　　（3）边场仓位安装标准。在卖场内仓位货架的安装标准也是陈列师必须掌握的重要内容。通常陈列师在日常店铺陈列工作中，对仓位内部展示区域尺寸应以规范的可执行标准为依据（图4-8）。

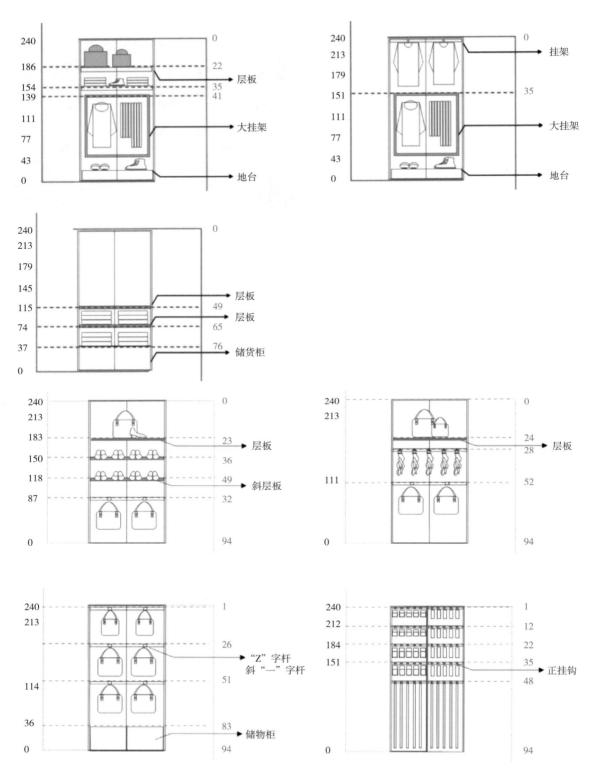

图4-8　边场仓位安装标准

（4）边场陈列形式。边场陈列形式常见有正挂出样、侧挂出样、叠装出样等（图4-9）。

边场陈列形式（正挂出样形式）　　　　　　边场陈列形式（侧挂出样形式）

挂杆"一"字杆组合出样　　大挂架出样　　　　全侧挂出样　　　1/2侧挂出样

出样形式　正挂出样　　　　　　　　　出样形式　侧挂出样

小栋叠装出样　　　　　　　　　　　大栋叠装出样

小栋+大栋叠装出样

出样形式　叠装出样

图4-9　常见边场陈列形式

（5）边场出样标准。在店铺日常陈列中应详细制定边场出样标准，依据标准对所管辖店铺进行日常陈列与管理（图4-10、图4-11）。

边场由A、B、C三个基本形式组成，具体出样标准请参考下列详细说明。

①A区形式为上端正挂，下端正挂+1/2侧挂组合：
A1-货品以短款/轻薄类为主，具有搭配性；
A2-正挂货品以裤装为主（下端不陈列鞋子），右端侧挂；
②B区形式为上端PP展示+叠装，下端正挂+1/2侧挂组合：
B1-上层PP焦点展示区，选取同属性货品展示出样，丰富搭配感；叠装两小栋之间摆放鞋子（鞋子侧面出样，方向朝左）
B2-正挂以上装长款、厚类为主（下端正面陈列鞋子），侧挂出样遵循搭配原则，鞋子侧面出样（方向同B1相同朝左）
③C区形式为上端海报，下端叠装组合：
C1-海报区（海报前不可堆放货品及杂物）；
C2-面对边场，层板叠装左大栋、右小栋陈列出样，出样时尽量做到同款异色陈列。

图4-10　常见边场出样标准1

A区形式为上端PP展示区，下端配件（鞋子）斜板展示；
A1-上层PP焦点展示区，选取同属性货品展示出样，体现配件区组合搭配性；
A2-斜板只可陈列鞋子（出样方式按照渐变式或间隔式手法），尽量做到同款异色出样。

图4-11　常见边场出样标准2

（6）边场货品出样标准及细节。边场货品出样标准及细节着重强调服装货品的型号，通常中码货品在前，其他码数依次出样，更利于顾客选择所需码数的货品（图4-12）。

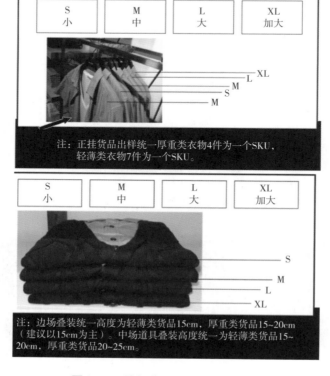

图4-12　边场货品出样标准及细节

2. 中场IP陈列标准

（1）常见中场道具种类。常见中场道具有方台、小展架、子母台、正侧挂中岛架、正侧挂叠装中岛架、牛仔中岛架、单面中岛架、正挂配件中岛架、圆形大挂架、方形四面挂架、配件中岛架、非可调龙门架、可调龙门架、配件格架、展台（矮/中/高）、组合方台（方台主架四组合）、天地杆等（图4-13）。

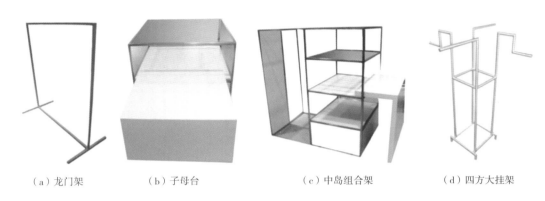

（a）龙门架　　　　（b）子母台　　　　（c）中岛组合架　　　　（d）四方大挂架

图4-13　常见部分中场道具种类

（2）中场陈列要点。中场是店铺中央区域的陈列空间，也可以说是黄金区域，是顾客活动中接触最多的中间岛位商品陈列区域，也被称为中岛区。中场常见陈列方式有人形模特加侧挂、中场方台、中岛圆形大挂架、子母台、龙门架等形式的组合搭配出样，尤其是中岛台与其他道具组合搭配出样最为常用。

（3）中场各类道具陈列标准。中场IP区域陈列标准应根据中场道具种类进行制定，货品组合形式应根据货品陈列形式制定。如有效控制叠装层数、摆放方向和数量、正挂件数、侧挂件数等，最终结合中场道具组合形式出样分层分类进行设置（图4-14~图4-19）。

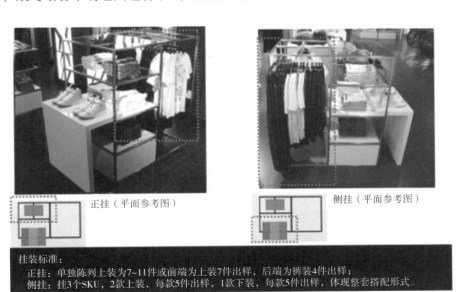

正挂（平面参考图）　　　　侧挂（平面参考图）

挂装标准：
　　正挂：单独陈列上装为7~11件或前端为上装7件出样，后端为裤装4件出样；
　　侧挂：挂3个SKU，2款上装，每款5件出样，1款下装，每款5件出样，体现整套搭配形式。

图4-14

叠装标准：
上层：叠装高度为15~20cm，一款两色；
中层：叠装高度为15~20cm，一款两色；
底层：配件（鞋类、包类）。
注：三层的整体搭配性，同层架尽量做到货品同属性归类出样；
在展架中层放置边台，距离为10cm，此处建议放置配件或展示性货品。

图4-14　中场组合挂架出样

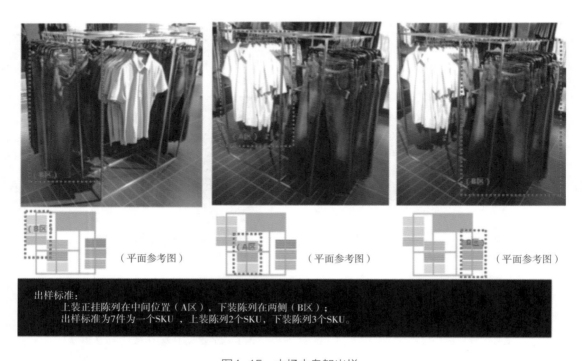

出样标准：
上装正挂陈列在中间位置（A区），下装陈列在两侧（B区）；
出样标准为7件为一个SKU，上装陈列2个SKU，下装陈列3个SKU。

图4-15　中场中岛架出样

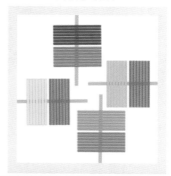

（平面参考图）

挂装以7件为1个SKU，陈列每个挂杆上2个单独SKU；
单独陈列上装则以7~14件陈列一个SKU，或7件1个
SKU，陈列2个SKU；
搭配陈列是店铺最常见的陈列方式；
尽量做到两套搭配出样，体现整套搭配形式；
尽量同属性货品归类出样。

图4-16　中场四方大挂架出样

按搭配——毛衫/外套/裤装（平面参考图）

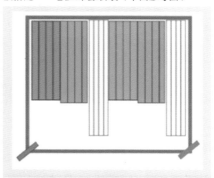

龙门架陈列分为三种模式：
按搭配陈列，按款式陈列，按色彩陈列；
此组为按搭配陈列毛衫（衬衫、T恤）+外套+裤装；
侧挂以4件为1个SKU，陈列6个SKU，共2套搭配；
建议货品为一款两色出样；
搭配陈列是店铺最常见的陈列方式；
尽量做到两套搭配出样，体现整套搭配形式；
同个龙门架尽量同属性货品归类出样。

图4-17　中场龙门架出样

按搭配——毛衫/外套/裤装（平面参考图）

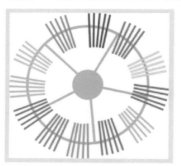

此组为basic款T恤按色彩搭配陈列；
共12个SKU，5件为一个SKU；
建议货品为一款多色或两色出样；
同个圆形大架尽量同属性货品归类出样。

图4-18　中场圆形挂架出样

子母台的三分（平面图）

子母台的四分（平面图）

子母台陈列原则：
母台：母台的基本原则是三分法，把整个桌面分为三份，进行款式出样；
子台：子台的基本原则是三分法，在服装非常轻薄时，可以用四分法操作，比如T恤和裤装的搭配出样。

图4-19　中场子母台出样

（二）重点陈列（PP）区域陈列标准

PP（Point of Sales Presentation）译为重点陈列，也称售点陈列，讲究搭配。PP焦点展示区使静止的货品变成顾客关注的目标，尤其对重点推荐的货品，陈列师更应通过各种形式，用视觉的语言来吸引消费者的目光。焦点展示区是区域性的展示区，代表区域特征。

1. 边场PP展示

常见的边场PP位置陈列形式有边场海报、人形模特、配件展示（特殊出样）、气氛道具四种形式（图4-20）。

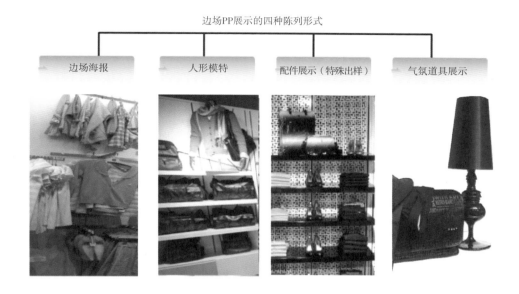

图4-20 边场PP位置四种陈列形式

（1）边场海报。仓位内海报展示该系列当季流行主题，并丰富边场形式。柱体/墙体海报应展示当季主题，且根据场内情况起到隔断边场的作用或者充当边场区域背景作用。海报设置需注意常规尺寸的边场海报需正确安装边场海报框，安装时保证孔距正确，画面不可起泡起翘，不可有划痕，边缘要整齐，海报前不可摆放任何杂物（图4-21）。

图4-21 边场PP位置边场海报

（2）人形模特。边场可出现人形模特出样，如边场需要增加人形模特出样形式则可采用半身站模出样，边场人形模特出样是货品PP位置常见的表达形式。人形模特着装是区域货品里的代表，展现最主卖的款式、颜色。人形模特出样需注意色彩配搭关系及流行时尚性，穿着黑色货品时必须有亮色配件作为配搭，避免色彩过于单调，两个人形模特出样时要注意高低位置变化（图4-22）。

图4-22　边场PP位置人形模特出样

（3）配件展示。特殊出样或多种配件组合出样需注意同系列组合出样时，配件（包/鞋/帽子等）之间的风格要统一，货品之间的大小/高低/疏密关系，形成一定的节奏美感（图4-23）。

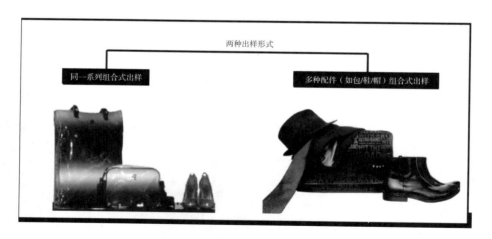

图4-23　边场PP位置配件展示

（4）气氛道具展示。气氛道具展示应注意道具应轻拿轻放不得损坏，保证展示面与边场的协调性，体现边场PP区的焦点展示，严格按照每季陈列设计部制定的方案执行。边场PP区位可以用气氛道具作展示来丰富边场出样形式，好的气氛道具的开发有利于品牌品质感的塑造和表达（图4-24）。

图4-24　边场PP位置气氛道具出样

2. 中场PP展示

常见的中场PP位置有海报、人形模特、气氛道具展示三种陈列形式。

（1）海报。海报分柱体海报和灯箱海报。柱体海报展示当季主题，并且起到隔断边场的作用。灯箱海报展示当季主题，并且起到吸引顾客的作用（图4-25）。

图4-25　中场PP位置海报

（2）人形模特。区域性人形模特展示区域重点推荐款式，有区域代表性，吸引该区域顾客的视觉焦点。例如，牛仔区的区域性人形模特展示主要围绕着牛仔主推款进行出样，结合海报画面，PP区的展示推广效果也会更加强烈。区域性人形模特是该区域中场货品推广及展示的最有效表达方式，出样时注意人形模特与货品的关联，达到对应推广的强化效果（图4-26）。

图4-26　中场PP位置人形模特出样

（3）气氛道具展示。区域性气氛道具配合区域陈列，突出主推款式。中场PP区结合销售进行陈列和纯粹展示陈列。一般将产品宣传册结合货品同时展示，或者将气氛道具结合货品同时展示，也可结合销售进行陈列展示（图4-27）。

图4-27　中场PP位置区域性气氛道具展示

中场PP陈列需注意中场PP注重与货品结合展示推广的做法，如台面推什么货品，人形模特即穿着该货品出样，达到对应推广的强化效果。设置中场PP区是吸引顾客驻足的有效方法之一，但并不代表所有中场都设置PP区，应各有取舍，采用间隔陈列的手法，有代表性地选择。

3.特殊区域PP展示

造型墙PP位置展示为焦点展示，结合气氛道具应以配件为主。造型墙展示位置需注意店内造型墙只可在不锈钢横条上做展示；造型墙底端如空间较小，则不可放置展示物品；根据店铺具体装修情况可选择只在下面两层做展示；出样时注意展示搭配关系（图4-28）。

PP区使用天地杆形式展示的优点有天地杆正挂可以有更多的展示性与销售效果的更好结合，同时可以作为较大的中场空间加以隔断。其缺点有正挂过多，如果使用位置不当，会导致空间过于沉闷，没有通透性（图4-29）。

图4-28　中场造型墙PP位置展示

图4-29　中场PP区天地杆使用

（三）店铺终端管理——SKU 项目

1. SKU定义

SKU是库存量单位，英文全称为 Stock Keeping Unit（简称SKU），表示保存库存控制的最小可用单位。如纺织品中一个SKU通常表示规格、颜色、款式。现在已经被广泛引申为产品统一编号的简称，每种产品均对应有唯一的SKU号。服装店铺陈列将其定义为货品出样的最小单位（单款单色），即一个款式的一个颜色出样，称为一个SKU（图4-30）。

2. SKU计算方法

我们计算SKU的数量通常涵盖了整个IP位置，由于店铺的IP位置形成了规范的标准，一个道具所能出样的SKU数就在一定的范围内。

以图4-31所示精致休闲男边场为例，5连仓的SKU数量是28（配件不算），加上叠装的可变量，计算出此组精致休闲男边场5连仓的SKU数值为28~32。

图4-30　服装商品的SKU图例

图4-31　服装商品的SKU图例1

　　如果一个道具陈列方式是一定的话，那么这个道具可以出款的SKU量就是一定的。图4-32所示龙门架所挂服装中每一个红框、绿框就代表一个SKU。

图4-32　服装商品的SKU图例2

因此，在卖场中用SKU计算卖场铺货量可以准确掌握商品上架、出样数量以及总体铺货量，能够准确反映店铺商品销售情况和库存情况。边场SKU+中场SKU=紫区货品量图4-33、表4-2、表4-3。

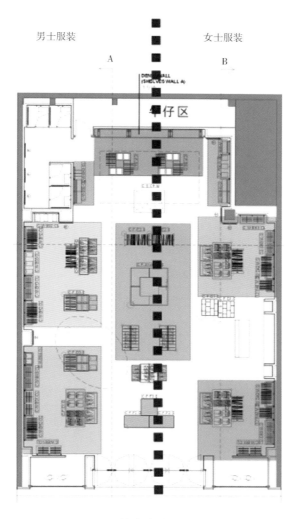

图4-33 服装店铺货品出样区域图

表 4-2 服装店铺边场 SKU 出货量统计表

边场SKU出货量						
类别		正挂	全侧挂	1/2侧挂	叠装高度（cm）	平铺类叠装高度（cm）
T恤	短轴T恤	7件	5件×6个SKU	5件×3个SKU	15	10
	长袖T恤	7件	5件×6个SKU	5件×3个SKU		
衬衫	短袖衬衫	7件	5件×6个SKU	5件×3个SKU		
	长袖衬衫	7件	5件×6个SKU	5件×3个SKU		

类别		正挂	全侧挂	1/2侧挂	叠装高度（cm）	平铺类叠装高度（cm）
边场SKU出货量						
毛衫	薄毛衫	7件	5件×6个SKU	5件×3个SKU	20	15
	厚毛衫	4件	4件×6个SKU	4件×3个SKU		
针织开衫	针织薄开衫	7件	5件×6个SKU	5件×3个SKU		
	针织厚开衫	4件	4件×6个SKU	4件×3个SKU		
夹克	薄夹克	7件	5件×6个SKU	5件×3个SKU		
	厚夹克	4件	4件×6个SKU	4件×3个SKU		
水洗裤	水洗短裤	7件	5件×6个SKU	5件×3个SKU		
	水洗长裤	7件	5件×6个SKU	5件×3个SKU		
牛仔裤	牛仔短裤	7件	5件×6个SKU	5件×3个SKU		
	牛仔长裤	7件	5件×6个SKU	5件×3个SKU		
裙装		7件	5件×6个SKU	5件×3个SKU		
楼装	薄楼	4件	4件×6个SKU	4件×3个SKU	25	20
	厚楼	4件	4件×6个SKU	4件×3个SKU		
羽绒服		4件	4件×6个SKU	4件×3个SKU		

表 4-3　服装店铺中场道具 SKU 出货情况统计表

项目	道具名称	实样	SKU	单款SKU（轻薄类）叠装高度（cm）	单款SKU（厚重类）叠装高度（cm）
中场道具SKU	方台		8	15~20	20~25
	中场小展架		6	15~20	20~25
	子母台A		14	15~20	20~25
	子母台B		12	15~20	20~25
	子母台C		7	15~20	20~25

3. SKU的作用

铺场量的计算使商品部门可以更加快捷地理解现行陈列出样标准和道具SKU，达到店铺订货量和铺场量的最优化，是终端陈列管理的重要手段。

铺场量=边场铺货量+中场铺货量+后备空间储货量（图4-34）。

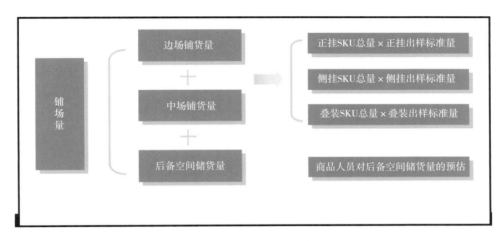

图4-34　服装店铺SKU铺场量

SKU是陈列考核阶段的考核内容，在日常下班前的陈列检查中，必须检查SKU是否符合标准。SKU是所有终端人员必须掌握的基础内容。

（四）店铺岗位职责及分工

店铺岗位职责及分工需要明确模块目标，更加清晰各岗位在店铺形象中所负责的内容（图4-35）。

1. 陈列助手岗位职责及分工内容

陈列助手是由该店铺或楼层陈列专员授权对该店铺或楼层陈列工作进行协助陈列的工作岗位。

（1）协助陈列专员负责所辖店铺/楼层的IP陈列标准执行监督。

（2）协助陈列专员负责所辖店铺/楼层PP陈列的日常维护、调整工作。

（3）协助陈列专员负责店铺/楼层VP陈列的日常维护、展示出样更换。

（4）协助陈列专员负责所辖店铺/楼层新货到店及时陈列工作。

（5）协助陈列专员负责所辖店铺新店开业、新品上市、换季陈列、季末陈列、促销活动等各项陈列换场工作。

（6）协助陈列专员负责根据品牌公司销售需求及时按照陈列标准进行货品陈列调整工作。

（7）协助陈列专员负责所辖店铺/楼层道具及陈列气氛/辅助道具的管理。

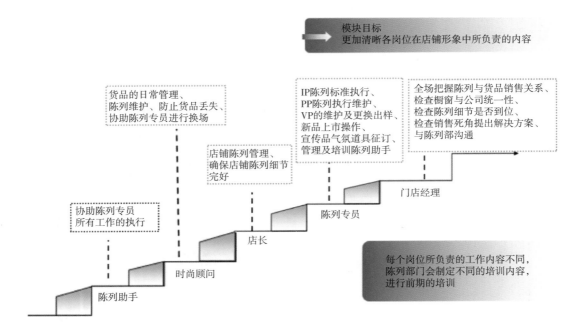

图4-35　店铺岗位职责及分工

2. 时尚顾问岗位职责及分工内容

（1）工作职责通常按工作内容的重要性排序。货品的日常管理、陈列维护、防止货品丢失、协助陈列专员进行换场。

（2）工作职责内容细分。在店铺大型调场过程中，协助陈列专员对店铺进行陈列调整，店内日常事务工作，清扫与清洁店铺卫生（店铺有专业保洁人员负责道具的清洁），及时清理地面脏物，维护卖场细节，保养及维修店铺道具及公共物品。

（3）其他陈列工作。了解公司陈列的基本原则；按照公司规定进行货品排号（正挂、侧挂）并码货，保证间距均匀；及时维护店内陈列细节。

3. 店长岗位职责及分工内容

店长主要负责店铺陈列管理，确保店铺陈列细节完好。

（1）熟悉店铺的道具及位置，分A、B、C类，指导陈列。

（2）卖场每一件衣服都应熨烫平整并以正确的方式陈列。

（3）确保卖场所有的衣服叠挂摆放整齐。

（4）配件墙应该整齐丰满且具有吸引力。

（5）橱窗陈列按公司统一标准检查展示出样。

（6）店内的气氛道具必须按公司要求正确陈列并及时更换。

（7）根据每天的销售情况和天气情况进行陈列调整。

（8）新款、主推系列和畅销款要充分展示。

（9）培养店内陈列助手。

（10）做好节日期间或市场活动时的陈列。

（11）与陈列团队密切联系与沟通，店铺陈列调整计划的安排。

4. 陈列专员岗位职责及分工内容

（1）负责所辖店铺/楼层的IP陈列标准执行监督。

（2）所辖店铺/楼层PP陈列的日常维护、调整工作。

（3）所辖店铺/楼层VP陈列的日常维护、展示出样更换。

（4）所辖店铺/楼层新货到店及时陈列工作。

（5）所辖店铺/楼层宣传品、气氛道具征订工作。

（6）所辖店铺新店开业、新品上市、换季陈列、季末陈列、促销活动等各项陈列换场工作。

（7）根据品牌公司销售需求及时按照陈列标准进行货品陈列调整。

（8）管理与培养所辖店铺陈列助手的业务。

（9）所辖店铺/楼层道具及陈列气氛/辅助道具的管理。

5. 门店经理岗位职责及分工内容

（1）随时检查陈列展示更有利于促进销售，在充分考虑公司陈列标准、存货量、畅销品等问题的基础上综合考虑陈列。

（2）检查橱窗陈列是否和公司要求保持一致。

（3）检查陈列细节维护是否到位。

（4）各楼层坪效分析，找出销售死角，并与陈列部沟通解决。

三、店铺日常陈列考核评价标准

（一）终端形象管理细则

（1）以产品为核心，保证店面整体展示的简洁明了、合理有序，促成销售。树立、明确主题，围绕主题展示产品，强化产品风格，站在顾客的角度和立场观看，审评展示效果，保证展示符合品牌的发展所需。通过展示把品牌的功能化、逻辑化、审美化、魅力化赋予生命力，让顾客感觉在店内购物是一种享受。

（2）陈列部具有监督、管理、评核的职能。

（3）陈列部有权定期或不定期地对店铺巡查工作。

（4）陈列部工作有独立性、客观性，贯彻独立性原则、政策性原则、服务性原则。

（5）陈列部对各部门都有义务协助和积极配合工作。

（6）陈列部工作制定与部署，需总经理审批，接受总经理委派。

（二）店铺日常陈列考核评价标准

1. 店铺日常陈列考评

按公司每季度所出的陈列标准对店铺进行评审并对执行情况进行记录。除了对店铺进行评审外，陈列员还需要对店铺员工的仪容仪表、陈列知识进行考评，并根据店铺的实际情况对员工进行培训。陈列员巡店回公司后必须把巡店表交上级审阅，陈列员对巡店中形象优秀或不符合要求的店铺向上级提出奖励或处罚申请（表4-4）。

表 4-4　店铺入口日常陈列考评表

		陈列评估	各项满分	得分	失分原因
入口（满分15分）	人形模特展示	100%执行款的展示/可替换款（款式使用、细节整理、人形模特站姿）。（好——5分，细节整理不到位——3分，未按要求穿着——0分）	5		
	墙面展架	周边风格与人形模特的匹配性（如人形模特为正装风格，周围也要偏正式而非休闲）。（好——10分，较好——7~9分，效果一般——3~5分，不好——0分）	10		

2. 奖罚条例执行流程

为保证公司终端专卖店陈列形象统一，加强对终端店铺的监督、检查，店铺或客户主任应认真贯彻公司的决策、方针、计划和各项规章制度，促进店铺客户主任各项工作。根据公司的指示，陈列部制定店铺奖罚条例，对严格执行的优秀店铺和违反公司规定的店铺，做出相应的奖励和处罚（图4-36）。

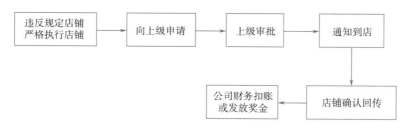

图4-36　奖罚条例执行流程

3. 奖惩制度

（1）根据店铺对奖罚条例的执行情况分优秀店铺、违反规定店铺。

（2）陈列员巡店回公司后，根据店铺的情况向上级申请奖励或处罚店铺。

（3）奖励或处罚通知未经陈列员上级审批不得下传到店铺。

（4）经陈列员上级审批后，奖励或处罚通知由陈列员下传到店铺。

（5）店铺确认后由客户主任监督回传公司。

（6）陈列员把相关店铺确认回传交给公司财务，公司财务确认后扣账或发放奖金。

某品牌终端店铺人员违规处理条例案例如表4-5所示。

表 4-5　某品牌终端店铺人员违规处理条例案例

项目	序号	违规事项	扣款标准	扣分标准	主要责任人	连带责任人	行政处理
重点违规事项	1	未按规定开启门头灯箱、廊灯及室内灯	按照品牌标准执行	2	店长、领班		如果重复违反，降级
				5	店长、领班		如果重复违反，降级或辞退

续表

项目	序号	违规事项	扣款标准	扣分标准	主要责任人	连带责任人	行政处理
重点违规事项	2	未按规定开启空调	按照品牌标准执行	5	店长、领班		如果重复违反，降级或辞退
	3	未及时更新POP或喷绘		2	店长、领班		
	4	未按规定播放背景音乐		2	店长、领班		
	5	未按规定化妆和微笑服务		2	当事人	店长、当班领班	
	6	未使用迎送等礼貌服务用语和措施		2	当事人	店长、领班	
	7	到货后色号未全部陈列出样或空柜		2	店长、领班		
	8	货箱未按规定堆放或堆放在货架下		2	店长、领班		
	9	未及时申请和更换报损灯具灯箱、道具设施		2	店长、领班		
	10	张贴或挂放规定以外的标识、装饰物		2	店长、领班		
	11	摆放或使用规定以外的电器、物品		2	店长、领班		
一般违规事项	1	名称牌、规格牌、指示牌等标识不齐全，摆放不规范					
	2	橱窗或人形模特出样未及时更新或出样不正确					
	3	货品陈列未分区、未分类摆放					
	4	货品出样数量不符合规定					
	5	同一柜中使用的衣架不统一，衣架陈旧、破损、不干净					
	6	陈列货品有褶皱、污渍、灰尘					
	7	换季货品未及时调整出样或未按公司指令及时调整出样					
	8	更换下来的喷绘、道具、灯箱及标识未按规定处理					

项目	序号	违规事项	扣款标准	扣分标准	主要责任人	连带责任人	行政处理
一般违规事项	9	门店使用的设备、工具，未按规定区域摆放	按照品牌标准执行				
	10	吊牌、POP摆放不规范或破损					
	11	灯箱、喷绘、墙纸破损					
	12	营业区域摆放私人物品和工具					
	13	卖场或门口摆放花草树木等物					
	14	未穿工作服或未规范佩戴工号牌					
	15	发型、佩饰、鞋子不符合要求					
	16	接待顾客不及时、不主动、不热情或不理会顾客					
	17	未规范服务，受到顾客投诉					
	18	人形模特、悬挂物、灯箱、门窗、玻璃等破损不牢固					
	19	熨斗、挂烫机未及时关闭电源和未安全放置					
	20	内仓杂乱不整洁					
	21	门头、橱窗、门面等不洁净					
	22	吊顶、墙体有蜘蛛网或灰网					
	23	卖场地面不干净或杂乱					
	24	收银台、缝纫区杂乱不整洁					
	25	门口走廊有杂物、垃圾和摊点，门面或卖场有乱粘乱贴现象					
	26	休息椅、货架、防盗墙、垃圾箱等不干净或有积灰					

（三）橱窗陈列考核评价标准

1. 橱窗陈列标准与规范

橱窗日常陈列标准与规范可以参考品牌陈列手册中有关橱窗陈列部分，如《橱窗方案安装与搭配指引》。品牌根据橱窗设计方案推出橱窗"样板间"，这个示范橱窗即为制作每一季度《橱窗方案安装与搭配指引》素材。《橱窗方案安装与搭配指引》就是对店铺橱窗陈列进行全面的规范和定义，制作可以实施和考核的标准，指导店员执行橱窗陈列，具有可复制、可远程管理、可培训推广的特点。

2. 橱窗陈列培训与指导

每一季度按时进行《橱窗方案安装与搭配指引》培训，为新季度的橱窗方案进行主题的宣导、橱窗陈列标准执行以及相关指引工具的培训。培训的方式可以根据培训对象的不同选择课堂培训、远程视频培训或者实地训练等。确保相关陈列人员按时参加培训，并掌握橱窗日常陈列标准与规范。

根据《橱窗方案安装与搭配指引》及相关培训，陈列负责人员对陈列执行员工进行橱窗安装陈列指导，保证按时完成负责区域所有店铺的橱窗方案实施。

3. 橱窗陈列考核与评价

橱窗陈列考核与评价是在橱窗方案店铺实施之后，对橱窗执行效果反馈，检查橱窗方案执行效果，这是对橱窗陈列业务的检查与改进。由陈列专员逐级向上级反馈，按照规定的模板提交《橱窗陈列反馈报告》，该报告与员工的绩效考核挂钩。在每一季度最后一周进行橱窗执行反馈报告的汇总分析。

《橱窗陈列反馈报告》对应《橱窗方案安装与搭配指引》，"报告"需根据"指引"的重点内容进行反馈。在反馈报告中需要包含的内容有橱窗正面展示效果，橱窗左侧、右侧及45°展示效果，橱窗内侧展示效果，店内橱窗关联主题陈列展示效果，橱窗主推产品说明等，橱窗陈列的问题总结、改进建议、问题陈列的改进时间等。其中，展示效果需要用现场照片说明，橱窗主推产品需要用文字和数据说明。另外，《橱窗陈列反馈报告》可根据品牌需要包含公司标识、报告信息及汇报人信息等，并统一成固定模板。

店铺陈列执行员工在拿到《橱窗陈列反馈报告》后，需按要求准时完成整改执行。

任务三　店铺日常陈列培训与考核评价

【任务导入】

请根据品牌标准对店铺日常陈列进行培训与考核。

◆ 知识目标

1. 了解日常陈列培训的内容、形式（理论与实操）及要求（上新、常规培训）。
2. 了解日常陈列培训的组织与实施。
3. 从卖场与橱窗两方面掌握店铺日常陈列考核评价的标准（内容+案例）。

◆ 技能目标

1. 能够基于品牌标准对相关陈列标准与要求进行培训。
2. 能够基于品牌标准对店铺进行日常培训与指导。
3. 能够基于品牌标准完成对店铺日常陈列的相关考核与评价。

◆ 素质目标

具有较强的集体意识和团队合作精神，能够进行有效的人际沟通和协作。

【知识学习】

陈列培训是以一定的方式（如课堂授课、案例研讨、游戏分享、角色扮演、实地训练等）通过结业考核，使员工在知识、态度和技能方面得到改进并使得绩效提升的过程。

陈列培训与考核可以提高员工对陈列的重视程度，促成企业内的科学陈列职业价值观的普及，达成合作共识；可以普及陈列基础知识，不断提高陈列员工的陈列业务工作能力，培养店铺员工必备的陈列业务工作能力；解决陈列标准执行不力的情况，促进部门间与员工间的相互了解，改善协作效率；确保店铺形象统一，实现陈列关键业务的推广和复制，实现企业陈列标准化管理。

一、店铺日常陈列培训与考核

（一）培训方式

陈列培训的组织形式主要有课堂授课或者实操授课，根据需要可以进行集中培训、分片培训及单店培训等。课堂授课分为课堂培训、会议培训、远程培训等；实操授课分为实地训练、店铺训练等。

（二）培训时间

针对不同的培训对象和培训内容安排培训时间，店铺日常陈列培训通常安排在销售淡季，如每年的7~8月，劳动节、国庆节后的一周，或者安排在订货会期间进行。

（三）培训实施

店铺日常陈列培训过程主要包括课前准备、课程实施和课程反馈。课前准备包括场地准备、物料准备、设备检查、学员资料和课程试讲等；课程实施主要分为授课技巧和授课流程两部分内容。

（四）培训考核

参加培训只是培训流程的开始，培训后的追踪、考核与评价是督促员工不断修正和提高陈列水平的重要方式，也是检验培训效果的重要指标。培训考核分为课堂效果考核、实地训练效果考核及员工绩效考核。

课堂效果考核可根据培训对象的实际工作设置，可以是笔试形式，考试的目的是帮助员工加深对职业技能知识的记忆和理解，掌握工作技能，为员工晋升和业绩提升提供助力。如针对新店员的《品牌基础陈列知识》培训，可以设置以笔试的形式对培训内容进行检测，如陈列专业术语、陈列道具认识、陈列检查标准等版块，帮助员工加深对知识的识记。

实地训练效果考核相对课堂考核是一种更加关注员工实操能力的考察方法，要求陈列考官必须在店铺现场观察员工操作，了解考核对象实际陈列业务执行效果的表现，评判其业绩是否符合相关规定或标准。如针对新店员一般可以进行店铺陈列标准维护技能的实地考核，以《品牌店铺陈列标准》为考核依据，帮助员工尽快达到店铺陈列维护的职责要求。

陈列培训的绩效考核决定着能否将员工的陈列行为能力转化为稳定的岗位职责行为规范，使陈列培训的考核与员工工资绩效指标或晋升绩效指标相结合。如按照《品牌店铺陈列标准》进行叠装或按时进行店铺的陈列清洁，考核结果将记入员工工资绩效。

（五）培训评价

培训评价是为了保证培训工作的质量和效果，与上面的培训考核是不同的。培训考核是通过测试的方式考核培训对象的业务能力，而培训评价是对培训师培训业绩的评价。简单来说，一个是针对学员，一个是针对讲师。

培训评价主要由学员打分，可以从培训师的培训流程、表达能力、培训方法、课程设计等方面进行详细的打分。

二、品牌店铺陈列培训与实操

（一）货品知识培训

每年市场部和设计部会根据当年的产品情况对一整年的上新做出规划，陈列培训部需要根据货品对卖场进行整年的陈列规划，以及进行货品相对应的培训。主要包括产品系列培训、产品面料培训、产品风格培训。

1. 产品系列培训

根据品牌产品结构进行培训，使销售人员了解品牌市场定位、熟悉品牌产品特点和形象，可以很好地为顾客进行推荐（图4-37）。

2. 产品面料及保养培训

作为销售人员，了解产品的面料和保养方法对销售有很大的帮助。面料可以作为款式卖点推荐给顾客，也可以为顾客提出清洗方法、穿后维护等方面的建议，以专业的方法拉近和顾客之间的距离（图4-38）。

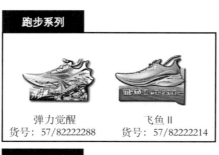
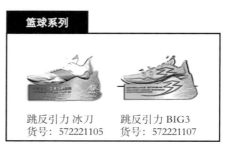

图4-37　产品系列

鞋使用及保养

◆ 鞋子的五大保养方法：多擦少洗，不宜长久浸泡，擦洗后阴凉处晾干，清洗干净后再存放，正确方式晾干。

多擦少洗	不宜长久浸泡	阴凉处晾干	清洗后存放	正确晾干摆放
一般污垢用湿布擦或轻刷，避免损害帮面材料。建议少洗。	洗刷时不宜长时间浸泡，一般浸泡时间不得超过20分钟。	➤放置通风处晾干，用白纸巾盖在鞋身上，避免阳光直射和暴晒。 ➤忌用暖气或明火烘干，以免造成老化、开胶、褪色和变形。	➤长时间存放，先将鞋洗干净，晾干后放置阴凉通风处存放，以免发生霉变。 ➤鞋内用纸团或鞋托撑起，以免变形。	晾干时将鞋头朝下鞋底朝墙，这样能防止水浸入中底发泡材料。

图4-38　产品面料及保养方法

3. 产品风格培训

一个成熟的品牌，相应地会有很多风格的服装，陈列师完成陈列后，要给员工进行产品风格的培训，这也是提升员工专业服务的方法。

（二）品牌店铺陈列执行

1. 货品陈列培训

陈列师的陈列指引内容包括品牌当季主推服装系列、主推款式以及搭配方法，销售人员可以在此基础上为顾客推荐。因此，培训产品系列是了解品牌发展战略的基础，也是店员进行销售的基础（表4-6）。

表 4-6　货品陈列推广表

推广层级	系列	焦点	服装墙
二级	生活系列效果图		
	拓展系列效果图	—	
	合作系列效果图		
	瑜伽系列效果图	—	

　　陈列搭配的最终目的是通过视觉营销来服务店铺销售。陈列师除了完成店内陈列工作外，还要带着员工一起对整个卖场进行检查，要给员工进行挂通内的随手搭配指导，区域内的可搭配款式、人形模特搭配等店内陈列搭配培训（图4-39、图4-40）。

图4-39　挂通搭配

图4-40　人形模特搭配

　　陈列师还要定期根据流行趋势讲解时尚搭配，提高店员的审美能力和搭配能力，可以采用实操的方式让店员快速搭配，还可以限定风格或是根据顾客类型现场进行搭配练习（图4-41）。

图4-41　2022年早春流行趋势

2. 陈列标准日常培训

　　陈列师需要熟知陈列手册内容，如陈列手册进行更改要及时对店铺员工进行培训。除了在货品和服装搭配上给予专业的培训外，陈列师还要进行陈列的基本展示手法和技巧的培训。重点培训对象是店内的陈列助理和店长。要从基础的陈列知识、到挂通的陈列方法、到店内货品颜色和风格的划分、橱窗陈列、快速替换新款等内容进行培训（图4-42）。

图4-42　品牌店铺陈列手册目录

波段陈列指引包含本次上新的时间、主题色、POP物料、道具等（图4-43）。

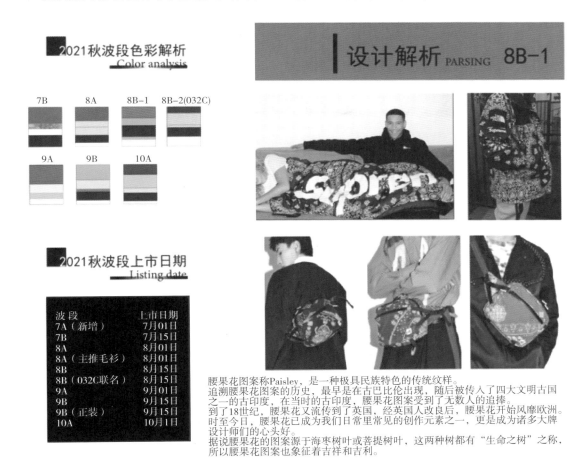

图4-43　品牌波段陈列指引

在陈列道具使用方面，陈列不只是货品摆放，店内的任何物品都要做到有效地陈列。要让店员了解每个道具到店时间、摆放位置、使用方法、基础安装等内容，店内道具基本分为氛围道具和基础形象道具，要保证店内道具能正确且完好地展示给消费者，提高店铺形象。

以图4-44所示为例，介绍氛围道具安装流程。

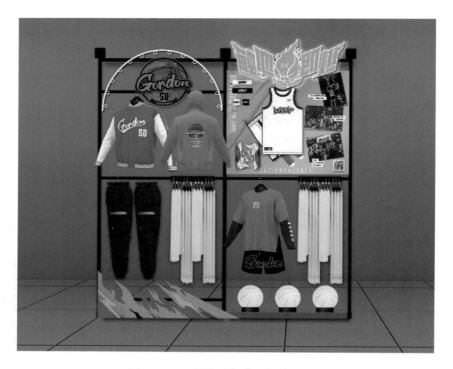

图4-44 服装墙形象道具安装效果图

中仓主题字及展板细节如图4-45所示。

中仓主题字+展板

图4-45 中仓主题字及展板细节

安装展板及主题字如图4-46所示。

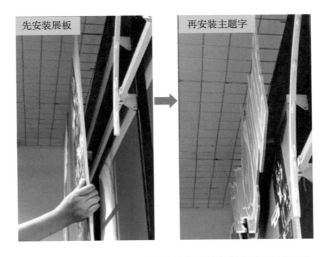

图4-46　安装展板及主题字

装配服饰品配件如图4-47所示。

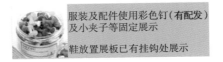

图4-47　装配服饰品配件

基础形象道具如表4-7所示。

表 4-7　基础形象道具表

道具名称	道具图片
主题字	
展板	
圆牌	 
篮筐铁件	
火焰异形牌	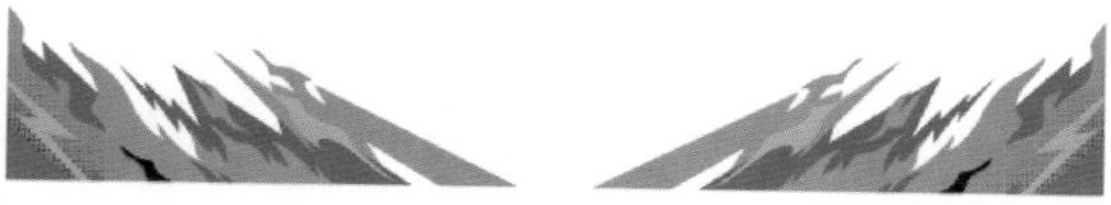
地贴	

3. 陈列维护培训

（1）店内软装维护。现在很多店铺都非常注重软装，都会在店内摆放绿植、小摆件等软装道具。陈列师需要重视这些细节，店铺维护当然也包括软装道具，保证道具的位置清洁、绿植健康等问题，从细节保证品牌形象（图4-48）。

图4-48　店内软装

（2）店内形象维护。很多陈列师都是一周到店调整一次，甚至是两周一次，那么维护陈列师的劳动成果也是店员应该做到的。怎么去维护？就要靠陈列师去给店员做培训：从衣架的朝向、叠装的方法、套穿的细节、货品出货量、熨烫等方面进行培训（图4-49）。

图4-49　店内形象

（3）陈列实操考核。一般是用于培训结束后对参加此次培训人员知识掌握的一种评估方式，考核地点一般为品牌线下门店，多维度地结合卖场及陈列标准、新品知识进行考核（表4-8）。

表 4-8　陈列实操考核表

店铺		店长姓名	
陈列师姓名		认证人姓名	
考核日期			
数据分析	1. 查询并正确分析与陈列相关的7项数据内容 2. 将数据内容与现有陈列结合并给予陈列建议 3. 针对特殊数据，能着重分析给予陈列建议	差 一般 良好 优秀	
陈列规划	1. 正确认识店铺结构与区域 2. 将排序后的店铺BOX进行合理规划 3. 关注重点位置及陈列重点货品	差 一般 良好 优秀	
墙面陈列	实操考核，独立调整LOVE和ITURE墙面各1个	差 一般 良好 优秀	
中岛陈列	实操考核，独立调整两种不同类型的中岛架（如1200mm一字架，四面架）	差 一般 良好 优秀	
人形模特陈列	实操考核，独立调整一组人形模特（建议3个以上人形模特组合）	差 一般 良好 优秀	
替款原因	提问检查店长是否明确什么情况下需要店铺替款	差 一般 良好 优秀	
替款结果	现场实操出题，找出5款货品让店长替款，评估： 1. 替款位置是否合理 2. 替款后的规则，平衡及搭配的实穿性 3. 替款后货品位置处理	差 一般 良好 优秀	
认证人评语			

4. 终端人员形象培训

店铺形象也包括店员的个人形象，陈列师可以提出一些妆容方面的建议，简单地进行妆容、仪容仪表、工服搭配等方面的培训，提高店员的自身形象。内外兼修的美，才会吸引更多的顾客进店，提高店铺的销售额。

参考文献

[1]李公科. 高职《服装陈列设计》课程岗课赛证融通教学研究与实践[J]. 鞋类工艺与设计，2021，1（24）：72-74.

[2]李公科. 高职《服装陈列设计》信息化课程建设实践[J]. 山东纺织科技，2018，59（4）：44-47.

[3]李公科. 内衣品牌服装陈列方法与设计实践[D]. 青岛大学，2017.

[4]郑琼华. 服装店铺商品陈列实务[M]. 北京：中国纺织出版社，2020.

[5]凌雯. 创意性服装陈列设计[M]. 北京：中国纺织出版社，2018.

[6]马丽群. 服装陈列展示实务[M]. 北京：北京理工大学出版社，2020.

[7]赵文瑾. 商业空间店面与橱窗设计[M]. 北京：北京大学出版社，2021.

[8]陈根. 陈列设计从入门到精通[M]. 北京：化学工业出版社，2018.

[9]王萍. 展示陈列色彩搭配手册[M]. 北京：清华大学出版社，2020.

[10]张剑峰. 服装卖场色彩营销设计[M]. 北京：中国纺织出版社，2017.

[11]宁芳国. 服装色彩搭配[M]. 北京：中国纺织出版社，2018.

[12]韩阳. 服装卖场展示设计[M]. 上海：东华大学出版社，2014.

[13]韩阳. 服饰卖场陈列实景模拟训练册[M]. 北京：化学工业出版社，2016.

[14]经常青. 经常青讲服装VMD[M]. 上海：东华大学出版社，2016.

[15]汪郑连. 品牌服装视觉陈列实训[M]. 上海：东华大学出版社，2020.

[16]冷芸. 时装买手实用手册[M]. 北京：中国纺织出版社，2021.

[17]李定娟. 时尚买手实战技巧[M]. 北京：机械工业出版社，2019.

[18]刘小红，李雅晶. 服装零售运营管理[M]. 北京：化学工业出版社，2021.

[19]刘小红，陈学军，索理. 服装市场营销[M]. 北京：中国纺织出版社，2019.

[20]孙菊剑. 服装零售终端运营与管理[M]. 上海：东华大学出版社，2019.

[21]宋柳叶，王伊千，魏丽叶. 服饰美学与搭配艺术[M]. 北京：化学工业出版社，2019.

[22]江学斌. 服装门店销售[M]. 北京：中国纺织出版社，2019.

[23]托尼·摩根. 视觉营销：橱窗与店面陈列设计[M]. 毛艺坛，译. 北京：中国纺织出版社，2019.

[24]穆芸，潘力. 服装陈列设计师教程[M]. 北京：中国纺织出版社，2014.

[25]林光涛，李鑫. 陈列规划[M]. 北京：化学工业出版社，2015.

[26]王萍. 展示陈列色彩搭配手册[M]. 北京：清华大学出版社，2020.

[27]周辉. 图解服饰陈列技巧[M]. 北京：化学工业出版社，2011.

[28]周同，王露露.陈列管理[M].沈阳：辽宁科学技术出版社，2010.

[29]任力.时尚品牌终端视觉营销[M].杭州：浙江大学出版社，2017.

[30]韩阳.卖场陈列设计[M].北京：中国纺织出版社，2006.

[31]王彤，装置艺术在服装橱窗设计中的应用研究[D].天津工业大学，2020.

[32]汪清，杨明，王晴.服饰卖场中动态橱窗的设计与创新研究[J].黄山学院学报，2020（1）：84–87.

[33]宁刚.新媒体展示设计中的交互设计研究[J].艺术科技，2017，30（3）：141.

[34]张懿丹.全息体验情景下新媒体艺术交互逻辑研究[D].合肥工业大学，2017.

[35]袁赟.3dmax软件在橱窗展示设计的实践应用[J].商展经济，2020（13）：54–56.

[36]袁赟.交互式虚拟技术在展示设计中的应用[J].艺术品鉴，2021（12）：143–144.

[37]李农，周萌萌.人类照明需求层次理论与照明设计[J].照明工程学报，2015（6）：48–51.

[38]喻里遥.服装专卖店室内照明设计[J].轻纺工业与技术，2021（4）：100–101.

[39]黄香琳，翁季.服装店照明环境设计研究[J].灯与照明，2018（3）：37–43.

[40]冯荟.服装商品陈列，色彩设计[J].东华大学学报，2005（6）：57–61.

[41]高巍.服装卖场陈列设计中的色彩设计[J].西部皮革，2019（11）：118–130.

[42]戴淑娇，曾真.专业课的"课程思政"设计和实践——以《品牌服装商品企划》课程为例[J].轻纺工业与技术.2019（Z1）：48–49.

[43]刘凤霞，姜睿.传统文化元素在中式品牌服装设计中的传承与创新应用[J].长春工程学院学报（社会科学版）.2018（3）：91–93.

[44]高巍.服装陈列设计中的人体工程学[J].纺织报告，2019（6）：16–17+22.

[45]罗娟，吴奕苇.服装搭配TPO原则与混搭风格之比较[J].广西轻工业，2011：100–101.